U0107872

普通高等教育"十一五"国家级规划教材

高职高专计算机类专业规划教材

计算机网络规划与设计

主　编　吴学毅
副主编　宋真君　岳经伟　张国清
参　编　李巧君　桑莉君　杨　宇

机械工业出版社

本书结合工程实际，介绍了计算机网络系统的设计，主要内容包括计算机网络基础知识、网络资源设备、广域网技术、网络系统设计、网络工程项目管理、网络故障的预防与处理以及典型的案例分析。

　　本书内容安排合理，在兼顾计算机网络基础知识的同时，更侧重于网络系统设计的实际应用，选择的实际案例具有较强的代表性。本书适合作为高职高专院校网络工程专业、计算机专业或其他相关专业的网络规划与设计课程教材，对从事计算机网络规划与设计的技术人员也有一定的参考价值。

　　为方便教学，本书配备电子课件等教学资源。凡选用本书作为教材的教师均可登录机械工业出版社教材服务网 www.cmpedu.com 免费下载。如有问题请致信 cmpgaozhi@ sina.com，或致电 010-88379375 联系营销人员。

图书在版编目(CIP)数据

计算机网络规划与设计/吴学毅主编. —北京：机械工业出版社，2009.4

普通高等教育"十一五"国家级规划教材. 高职高专计算机类专业规划教材

ISBN 978-7-111-26386-9

Ⅰ. 计… Ⅱ. 吴… Ⅲ. 计算机网络—设计—高等学校：技术学校—教材 Ⅳ. TP393

中国版本图书馆 CIP 数据核字(2009)第 025015 号

机械工业出版社(北京市百万庄大街 22 号　邮政编码 100037)
策划编辑：王玉鑫　责任编辑：刘子峰　版式设计：张世琴
责任校对：李　婷　封面设计：马精明　责任印制：李　妍
北京铭成印刷有限公司印刷
2009 年 4 月第 1 版第 1 次印刷
184mm×260mm · 12 印张 · 293 千字
0001—4000 册
标准书号：ISBN 978-7-111-26386-9
定价：22.00 元

前 言

随着网络技术的不断成熟和发展，以及计算机和网络设备价格不断下降，越来越多的企事业单位已经组建了自己的局域网络，并通过网络处理事务、进行交易、获取信息。网络正以前所未有的发展速度影响并改变着人们的生活、学习和工作方式。

目前，许多已有计算机局域网的单位需要升级或更新，没有网络的单位欲组建自己的局域网。但是，一定规模的网络建设或升级是一个系统工程，需要综合考虑多方面的因素。

本书主要介绍了组建计算机网络的步骤、网络服务器和存储设备、计算机网络故障预防和检测，并结合具体的案例让读者掌握组建计算机网络的具体过程。本书共分11章：

第1章介绍了计算机网络基础知识。

第2章介绍了网络资源设备。

第3章介绍了广域网技术。

第4章介绍了网络系统设计。

第5章介绍了网络工程项目管理。

第6~10章分别介绍了校园网络、企业网络、智能小区网络、政府上网工程和无线局域网的案例。

第11章介绍网络故障的预防与处理。

本书具有以下几个特点：

1）内容安排合理。本书简单介绍了计算机网络基础知识，将重点放在计算机网络设计与组建上，并且以理论够用为度，不做过细讲解，而通过具体案例对计算机网络设计与组建过程进行详细分析与阐述。

2）理论与实践相结合。本书做到理论与实践相结合，理论共6章，实际案例5章，使读者可以在学习完理论后，再参考实际案例加深理解。

3）选择的案例具有代表性。本书所选择的实际案例分别涉及了几个重要领域，十分具有代表性。

本书由辽宁省交通高等学校吴学毅任主编，宋真君、岳经伟、张国清任副主编。参加本书编写的还有李巧君、桑莉君、杨宇。

由于作者水平有限且编写时间仓促，书中错漏和不足之处在所难免，恳请读者批评指正。

编 者

目　　录

第1章　计算机网络基础知识

21 世纪是一个计算机网络的时代，通过网络可以将分散在各地的单独的计算机紧紧地联系在一起，并完成资源共享、数据传输、实时通信等任务。本章首先介绍了网络的基本概念、历史与发展情况，然后描述了在网络中常用的几种传输介质，最后讨论了系统集成的基本概念和构成。

1.1　网络的基本概念

1.1.1　计算机网络定义

1. 网络的概念

图 1-1 所示是一个简单的网络，计算机 1、2、3、4 可以共享其他计算机的资源，例如可以共享打印机，也可以共享一个调制解调器。

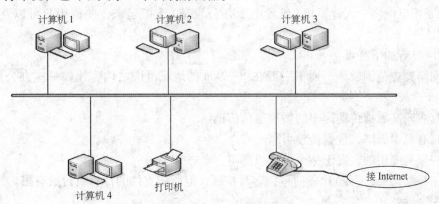

图 1-1　一个简单的网络

一般地，网络中可以共享的资源主要包括以下几类：

1）硬件资源。包括大型主机、大容量磁盘、光盘库、打印机、UPS、网络通信设备等。

2）软件资源。包括网络操作系统、数据库管理系统、网络管理系统、应用软件、开发工具和服务器软件等。

3）数据资源。包括数据文件、数据库和各种数据，其中数据又包括文字、图表、声音、图像和视频等，是网络中最重要的资源。

概括起来，网络是指利用通信设备、线路连接设备和通信线路将分散在各地的具有自主功能的多个计算机系统连接起来，利用功能完善的网络软件（网络通信协议和网络操作系统等）实现网络中的资源共享和信息传递的系统。把若干单台计算机连接起来组成一个网络的过程叫做组网。

组网的目的是既实现计算机资源共享和信息传递，同时节约费用。比如在图 1-1 所示的网络中，就可以用一台打印机实现四台打印机的功能，它起到了四台打印机的作用。大型计算机的价格往往是个人计算机的数千倍，如果在一个公司里每个职员的计算机全部使用大型计算机，则价格太昂贵而且也是一种资源浪费。若改成将每个职员的个人计算机组成一个网络系统，再用一台大型计算机作为服务器，那么各个职员共享的文件或数据就可存于该服务器中，而且随着公司的发展，网络系统还可以不断地扩充。例如：如果硬盘容量不够，则只需增大服务器的硬盘；如果工作负荷增大，则只需增加处理器，这样可以不断地改进系统性能，并节省大量的经费。另外，网络对于数据也能提供更高的可靠性。比如计算机 1 中存有的数据文件，同时在计算机 2 和计算机 3 中存有副本，如果计算机 1 中数据文件被破坏了，还可以用计算机 2 或计算机 3 中的副本文件。另外，现在的操作系统支持多处理器，如果一个处理器坏了，不会导致整个计算机瘫痪，利用另外的处理器，计算机仍可以运转起来，这样就提高了计算机的可靠性。此外，还可以通过网络实现远程办公，同时，网络还是一个强有力的通信工具，通过它人们可以跨越时间和空间的障碍进行交流。

2. 网络的分类

根据分类方法的不同，可以将网络划分为不同的类别。

（1）按照网络覆盖的范围划分　按照网络覆盖的范围划分是最为常见的方法，一般将其分成局域网（LAN）和广域网（WAN）两种。

局域网是指在较小的范围内的各种数据通信设备相互连接所构成的网络，服务区域较小，通常是用电缆将个人计算机（或者电子办公设备）连接起来，使得用户可以互相通信、共享资源。

局域网具有如下特点：

1）网络覆盖范围较小，通信一般在 1~2km 的地域范围之内，比如一座办公楼、一个仓库或一个学校。

2）具有较高数据传输速率的物理通信信道。

3）具有低误码率，数据传输可靠。

4）一般是专用的，属于一个单位或部门。

5）拓扑结构（见下段）比较简单，容易扩展，但所能支持的计算机台数有限。

6）安全性较好。

广域网是局域网的扩充，它由成千上万个局域网构成，在局域网之间借助于网桥和路由器等设备将网络范围扩大到一个地区、一个国家、甚至全世界。对用户来说，广域网的功能和操作方法与局域网没有什么区别，但由于广域网中计算机之间的距离增大，其实现的方法比较复杂。广域网一般由大型通信公司来组建。

（2）按网络拓扑结构划分　网络的拓扑结构是指网络中通信线路、计算机以及其他组件的物理布局。

网络按其拓扑结构划分，分为总线型网络、星形网络、环形网络、树形网络和网状网络。其中，后两种网络比较复杂，这里不作介绍。

总线型网络是最简单也是最常见的一种组网形式，其特点是网络中所有的站点共享一条数据通道。总线型网络的优点在于安装简单方便，需要铺设的电缆最短，成本低；缺点是介质故障会导致网络瘫痪，安全性低，监控比较困难，网络难扩展。

在星形网络中各站点计算机通过缆线与中心网络设备相连，数据信息通过集线器从中心网络设备传送到各台计算机。其优点是很容易在网络中增加新的站点，数据的安全性和优先级容易控制。但中心网络设备出现故障，整个网络就会瘫痪。

环形网络将各站点的计算机通过线缆连成一个封闭的环。其优点是容易安装和监控，缺点是容量有限，网络建成后难以增加新的站点。

网络的拓扑结构影响网络的性能，因此选择哪种拓扑结构与具体的网络要求相关。

3. 网络的产生和发展

网络技术与其他许多科学技术一样，其研究发展是从一项军事研究开始的。20 世纪 60 年代中期，美国国防部已认识到通信与计算机在未来战争中的重要性，并且美国军方内部的计算机系统已经可以让多个用户同时分享一个计算机处理器所提供的信息资源。这种分享系统的技术，成为网络的关键理论基础之一。1962 年，美国国防部先进研究项目局（ARPA）把建设网络的项目交给了贝拉涅克和纽门的研究小组。1969 年夏季，ARPANET 开始正式运行，其由四个计算机站互相连接组成，其中三台计算机设在加州大学洛杉矶分校中，另一台设在内华达州。这样，世界上的第一个网络系统就诞生了。

1970 年，美国康宁玻璃公司研制出了实用的玻璃光纤，并应用于 ARPANET 中，使得网络通信速度变得更快。1972 年，ARPANET 实验人员首次成功地发出了世界上第一封电子邮件（E-mail）。1973 年，ARPANET 和其他非地面网络系统连接成功，可以通过无线电话系统和地面移动网络系统进行连接，从此网络的发展日趋成熟。

20 世纪 80 年代，各国政府的大力投资加快了网络的发展。1982 年，日本开始建设全国高级信息网络系统（ISN）。1986 年，我国政府开始制定信息技术发展政策，逐步发展国家 11 大类纵向信息系统，网络革命之风开始席卷神州大地。

从网络的发展来看，其到目前为止大致经历了三个主要阶段：

1）ARPANET 阶段。从 1968 年到 1986 年，这是美国的网络研究及试用阶段。在这一阶段网络应用的主要目的是提供网络通信、保障网络连通、实现网络数据共享和网络硬件设备的共享。

2）NSF 网络阶段。从 1986 年到 1995 年，是互联网络的科研应用阶段。这一阶段主要解决了计算机联网与互连标准化问题，提出了符合计算机网络国际标准的"开放式系统互连参考模型（OSIRM）"，极大地促进了计算机网络技术的发展。此阶段网络应用已经发展到为企业提供信息共享服务的信息服务时代，以美国国家科学基金会（NSF）网络为代表。

3）从 1995 年开始，大规模的国际联网发展席卷全球，这是全球网络商业化的开始阶段。

随着计算机技术和通信技术的不断发展，网络也在不断发展，具有代表性的新技术包括以下几点：高速局域网技术，已经达到吉比特带宽；ATM，即异步传输技术；帧中继技术，是对 X.25 技术的改进；综合业务数字网。

这些新技术推进了网络的应用，而最新的应用主要包括电子邮件的多样化、远程会议系统、电子数据交换、远程教育、计算机及集成制造系统、智能大厦和结构化的综合布线系统等。

从以上介绍来看，在未来的生活和工作中，网络将无处不在，其建设和发展将引导人们步入真正的信息化社会。

1.1.2　资源子网和通信子网

从逻辑功能上,计算机网络可以分为面向数据通信的通信子网和面向数据处理的资源子网,如图 1-2 所示。

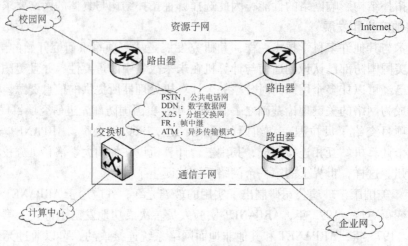

图 1-2　通信子网和资源子网

图中框内为通信子网,其中常用设备包括网络通信传输介质和通信设备,具体有网控中心、网络接口卡、通信线路、集线器、网络交换机、路由器、网桥、网关、转发器、远程服务器和调制解调器(Modem)等。通信子网提供网络通信功能,完成全网主机之间的数据传输、交换、控制和变换等通信任务,负责全网的数据传输、转发及通信处理等工作。

框外为资源子网,其主体为网络资源设备,包括服务器、用户计算机、网络操作系统、网络打印机、独立运行的网络设备、网络终端及机顶盒设备等。此外,还包括网络上运行的各种软件资源和数据资源。资源子网负责全网的数据处理业务,并向网络客户提供各种网络资源和网络服务。

把网络中纯通信部分的子网和以计算机为主体的资源子网分离开,这是网络层次结构思想的重要体现,使得对整个计算机网络的分析和设计大为简化。但是这种划分方法过于学术化、理想化,没有把网络结构与协议层次结合起来。比如,控制着通信的网络协议就是以软件形式运行在网络中的计算机上,而且除了个别带 CPU 的网卡外,一般在网络通信过程中网卡要占据一定的主机 CPU 资源。所以,事实上无法严格区分哪些设备属于资源子网,哪些设备属于通信子网。

1.1.3　网络结构

网络结构是一个与网络设计密切相关的问题。随着计算机通信技术的发展,网络的结构经历了一个由低级到高级的演变过程,大体上可以分成 5 个阶段。

1. 具有通信功能的单机点到点的网络结构

这是网络的雏形。通信线路的一端连接远程终端,另一端连接计算机,远程终端可以使用计算机的资源。

2. 面向终端的计算机网络结构

20 世纪 50 年代中后期，许多公司开始将地理上分散的多个终端通过通信线路连接到一台中心计算机上，从而形成第一代计算机网络。在这种网络结构中，用户通过与主机相连的终端，在主机操作系统的管理下共享主机的内存、外存、中央处理器、输入输出设备等资源。随着计算机技术的发展，特别是微型机价格的降低，这种终端逐渐被其代替，形成一种大型计算机带微型计算机的结构，人们常说的工作站/文件服务器（Workstation/File Server）和客户机/服务器（Client/Server）就是一种这样的结构。

3. 面向计算机的网络结构

这是在面向终端的计算机网络结构基础上发展起来的网络结构，中心计算机使用大型/小型计算机，用微型计算机取代终端，形成了计算机对计算机的系统。它们之间除了完成各自的任务外，还需要交换彼此的信息数据，共同完成一项大的作业，或者共享别的计算机系统的软件或硬件资源，也就是说每个计算机既要处理自己的业务，又要完成通信任务，如图 1-3 所示。

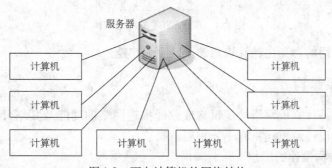

图 1-3　面向计算机的网络结构

4. 通信子网

随着计算机网络不断扩大，计算机之间通信任务和业务量也在增加。对于面向计算机的网络结构中的计算机来说，既要承担数据处理工作，又要承担通信任务，负担太重。为此，将网络中的通信任务与数据处理工作分开，大多数计算机只负责数据处理工作而不负责通信任务，通信任务由一台计算机专门处理，将其称为接口信息处理机（IMP）。1968 年美国国防部高级项目研究局（ARPA）建立的 ARPANET 是世界上较早出现的具有通信子网的计算机网络，如图 1-4 所示，该网络具有四个接口信息处理机和一个终端接口处理器。子网一般由传输线和接口信息处理机组成，传输线有时也叫信道，它在计算机之间传递二进制数据；接口信息处理机是专门的计算机，用来连接两条和多条传输线，当数据从一条传输线传入时，转接部件必须选择一条输出线，把数据继续向前发送。

5. 公用数据网

随着计算机通信业务的发展，专用网之间的互通以及专用网用户数量的不断扩大，人们就把如图 1-4 中的通信子网资源为各类用户所公用，即由国家电信主管部门统一建设公用数据网，专门用于数据通信。目前规定公用数据网承担三大类数据传输业务：电路交换数据传输业务，分组交换数据传输业务和租用专用电路数据传输业务。为完成前两类数据传输业务，在公用数据网中使用计算机作为交换机，用存储转发方式来进行信息交换和分组交换，从这个意义上讲，公用数据网就是计算机通信子网。但是公用数据网又是数据传输网，它以共享子网的资源为特征，在终端—计算机、计算机—计算机之间按规定的协议传输数据。由

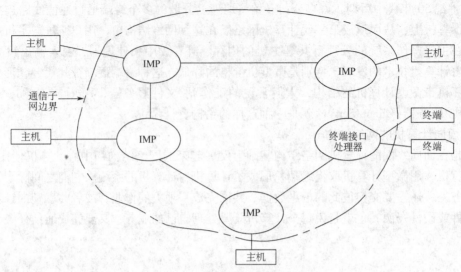

图 1-4　ARPANET 的网络结构

此可见，公用数据网的含义比计算机通信子网更为广泛。

1.1.4　网络体系结构

网络体系结构是计算机网络的逻辑构成，即描述网络的功能及其划分。理解这个概念，对于计算机网络的设计及组建具有十分重要意义。

1. 网络体系结构设计的思想

随着数据通信和计算机网络技术的发展，计算机网络系统的种类越来越多、越来越复杂。于是，计算机网络的设计采用了程序设计中的"结构化"思想，把网络设计为分层的结构，上一层建立在下一层的基础上，每一相邻层之间有一个接口，各层之间通过接口传递信息和数据，各层内部的功能实现方式对外加以屏蔽。这样整个网络的研究就转化变为对各层的研究。

网络体系结构的主要目的是解决网络的逻辑结构和功能划分问题，也就是用层次清晰的结构化设计方法，将计算机网络按功能分出若干个层次，以找出不同的计算机网络系统之间互连和通信的方法和结构。网络体系结构只是从功能上描述计算机网络的结构，即计算机网络设置多少层以及每层提供哪些功能，而不涉及每层硬件和软件的组成以及如何实现等问题。由此看来，网络体系结构是抽象的。

早期的 ARPANET 把网络体系分成 6 层：应用层、系统程序层、网络控制层、主机与IMP 连接模块层、IMP 层和物理层。其分层的基本原则是按照任务来划分，每一层都有一个相当明确的任务，如图 1-5 所示。

从 ARPANET 的体系结构来看，网络体系的分层一般应遵循以下原则：

1）根据任务的需要来分层，每一层应当实现一个明确的功能。

2）每一层的选择应当有助于制定国际标准化协议。

3）各层界面的选择应尽量减少跨过接口的信息量。

4）层数应足够多，以免不同的功能混杂在同一层中，使实现起来变得复杂；但层数也不能太多，否则网络体系结构过于庞大。

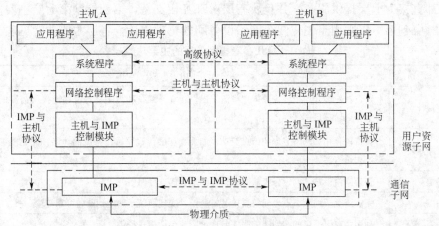

图 1-5　ARPANET 的体系结构

　　世界上第一个网络体系结构是 1974 年由 IBM 公司提出的"系统网络体系结构(SNA)"。之后,许多公司纷纷提出了各自的网络体系结构。所有这些体系结构都采用了分层技术,但层次的划分、功能的分配及采用的技术均不相同。随着信息技术的发展,不同结构的计算机网络互连已成为人们迫切需要解决的问题。在这个前提下,就产生了开放系统互连参考模型 OSI。

　　2. OSI 参考模型

　　20 世纪 70 年代以来,国外一些主要计算机生产厂家先后提出了各自的网络体系结构,但它们都属于专用的。为使不同计算机厂家的计算机能够互相通信,以便在更大的范围内建立计算机网络,有必要建立一个国际范围的网络体系结构标准。

　　关于网络体系模型,国际上不同的组织提出了许多的模型,其中国际标准化组织(ISO,International Standards Organization)提出的开放系统互连(OSI)模型最为著名,它的开放性使得任何两台遵守 OSI 参考模型和有关协议的系统都可以进行连接。

　　OSI 参考模型将整个网络通信的功能划分为七个层次,如图 1-6 所示。它们由低到高分别是物理层、数据链路层、网络层、传输层、会话层、表示层、应用层。每层完成一定的功

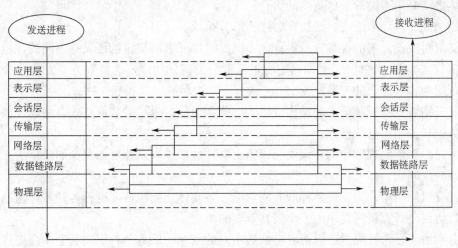

图 1-6　数据在 OSI 模型中的传递

能，每层都直接为上层提供服务，并且所有层次都互相支持。第四层到第七层主要负责互操作性，第一层到第三层则用于创建两个网络设备间的物理连接。各层主要功能见表 1-1。

表 1-1　OSI 参考模型各层的主要功能

层　　次	功　　能
物理层	负责在传输介质上传输数据比特流，提供建立、维护和拆除物理链路连接所需要的各种传输介质、通信接口特性等
数据链路层	负责监督相邻网络节点的信息流动，加强物理层传输原始比特流的功能，使之能够为网络层提供无错数据
网络层	管理路由策略，确定分组从源端到目的端如何选择路由
传输层	完成资源子网两节点之间的直接逻辑通信，实现通信子网端到端的可靠传输
会话层	利用传输层提供的端到端的服务向表示层或会话用户提供会话服务
表示层	表示层以下的各层只关心可靠的传输比特流，而表示层关心所传输的信息的语法和语义，完成一些特定的功能
应用层	负责与用户和应用程序进程通信，包含了各种应用协议和服务

按照 OSI 模型的描述，当两台计算机通过网络通信时，一台机器上的任何一层的软件都假定是在和另一台机器上的同一层进行通信。例如，一台机器上的传输层和另一台机器的传输层进行通信时，第一台机器上的传输层并不关心通信实际上是如何通过该机器的较低层、物理媒体以及第二台机器的较低层来具体实现的。

1.1.5　网络协议

协议是互联网和通信技术中正式规定的技术规范，它定义了数据发送和接收工作中必经的过程。协议规定了网络中数据传输时使用的格式、定时方式、顺序和检错。两个通信实体在进行通信时，必须遵从相互接受的一组约定和规则，以使通信双方在通信内容、通信方式以及通信时间等方面相互配合。这些约定和规则的集合就称为协议。简单地说，协议是网络通信实体之间必须遵循的一些规则的集合。

一般来说，协议由语义、语法、时序三部分组成。

语义是对协议元素的含义进行解释。不同的协议元素所规定的语义是不同的，也就是说规定通信双方彼此"讲什么"，即确定协议元素的类型，如规定通信双方要发出什么控制信息，执行的动作和返回的应答。

语法是指数据与控制信息的结构或格式，确定通信时采用的数据格式、编码及信号电平等，如数据和控制信息的格式。

时序是对事件实现顺序的详细说明，指出事件的顺序以及速度匹配，如规定的正确应答关系即属时序问题。

在计算机网络中，为实现各种服务的功能，各实体之间经常要进行各种各样的通信和对话，所以协议是计算机网络中的一个极其重要的概念。

服务和协议常常被混淆，但两者是截然不同的概念。服务是各层向其上一层提供的一组原语(操作)，尽管服务定义了该层能够代表其用户完成的操作，但丝毫未涉及这些操作是如何实现的。服务描述了两层之间的接口，下层是服务的提供者，上层是服务的用户。协议定义的是同层对等实体间共同约定的一组规则的集合，实体利用协议来实现它们的服务定义。只要不改变提供给用户的服务，实体可以随意改变它们的协议。这样，服务和协议就完全被分离开来。

随着计算机网络迅猛发展，网络协议也有很多种。但常见的协议包括以下几种：

1）TCP/IP。是一种工业标准协议，提供不同计算机之间的通信标准，可以广泛应用于广域网中。它是一组协议，包括 IP、文件传输协议、简单的网络管理协议、TCP/IP 网络打印协议、动态主机配置协议、域名服务、地址解析协议、传输控制协议等。

2）NetBEUI 协议。NetBIOS 扩展用户接口标准。

3）X. 25。报文交换网络中的协议。

4）IPX/SPX 协议。Novell 网络中使用的协议。

5）MWLink 协议。微软对 IPX/SPX 的实现。

6）Apple Talk 协议。Apple 公司的专用协议。

7）DECnet 协议。DECnet 公司的专用协议。

8）XNS 协议。Xerox 的以太局域网协议。

9）LAT 协议。局域网传输协议。

1.1.6　网络拓扑结构

所谓"拓扑"就是把实体抽象成与其大小、形状无关的"点"，而把连接实体的线路抽象成"线"，进而以图的形式来表示这些点与线之间关系的方法，其目的在于研究这些点、线之间的相连关系。表示点和线之间关系的图被称为拓扑结构图。拓扑结构与几何结构属于两个不同的数据概念，在几何结构中，要考察的是点、线之间的位置关系，或者说几何结构强调的是点与线所构成的形状及大小，如梯形、正方形、平行四边行及圆形都属于不同的几何结构。但从拓扑结构的角度去看，由于点、线之间的连接关系相同，从而上述四种图形具有相同的拓扑结构即环型结构。也就是说，不同的几何结构可能具有相同的拓扑结构。

同样在计算机网络中，把计算机、终端、通信处理器等设备抽象成点，把连接这些设备的通信线路抽象成线，并将由这些点和线所构成的拓扑称为网络拓扑结构。网络拓扑结构反映网络的结构关系，它对于网络的性能、可靠性以及建设管理成本等都有重要的影响，因此网络拓扑结构的设计在整个网络设计中占有十分重要的地位，在网络构建时，网络拓扑结构往往是首先考虑的因素之一。

在计算机网络中常见的拓扑结构有总线型、环形、星形、树形、网状和混合型几种，如图 1-7 所示。

1. 总线型拓扑

总线型拓扑结构采用单根传输线作为网络的传输介质，所有网络节点的接口都串联在总线上。在总线型拓扑结构中，每一个节点发送的信号都在总线中传送，并被所有的其他节点接收。总线需要有一定的负载能力，因此总线长度有限制，而且一条总线也只能连接一定数量的节点。在总两端连接的器件称为终结器(其中一端接地)，主要用来与总线进行阻抗匹配，最大限度地吸收传送端的能量，避免信号反向回总线，产生不必要的干扰。

总线型拓扑结构的优点是结构简单灵活，设备量少，便于扩充，价格低，安装、使用方

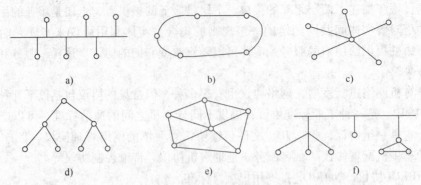

图 1-7　常见拓扑结构示意图

a）总线型　b）环形　c）星形　d）树形　e）网状　f）混合型

便。其缺点是"一条直线走到黑"，使得网络规模、距离、网络布线施工等受到限制。

2. 环形拓扑

在环形拓扑结构中，节点通过相应的网络接口卡（NIC），使用点到点线路连接，构成闭合的环，环中数据沿着一个或两个方向绕环逐点传输。

环形拓扑结构的特点包括：信息在网络中沿着固定方向流动，两个节点间仅有唯一的通路，大大简化了路径选择的控制；当某个节点发生故障时，可以自动旁路，可靠性较高；由于信息是串行穿过多个节点环路接口的，当节点过多时，会影响传输效率，使网络响应时间变长，但当网络确定时，其延时固定，实时性强；环路封闭，扩充不方便。

环形拓扑结构曾经是局域网常用的拓扑结构之一，其主要优点是延时具有可控制性。它适用于对时间要求比较苛刻的信息采集、处理系统和工厂自动化系统。而且当网络负载过载时，环形网的传输效率要比以太网优秀。1985 年，IBM 公司推出的令牌环网就是典范；1995 年前后，比较流行的大型 FDDI 骨干网采用的也是这种拓扑结构。目前流行的局域网主干也往往采用环形拓扑结构。

3. 星形拓扑

星形拓扑结构中存在着一个中心节点，每个节点通过点到点线路与中心节点连接，任何两个节点之间的通信都要通过中心节点转接。按照这种定义，普通的共享介质局域网中不存在星形拓扑，只有在出现交换局域网之后，才真正出现了物理结构和逻辑结构统一的星形拓扑。

星形拓扑结构的特点包括：高度集中控制，易于网络管理，所有的信息都必须经过中央节点，所以中央节点可以很容易地统计网络的通信量、报告错误信息、监测和诊断网络故障；容易扩展，只需在中央节点和新节点之间增加一条线路就可以了，不影响其他节点；但这种拓扑结构费用比较高，因为每个节点都需要电缆与中央节点相连，所以需要大量的电缆；中央节点成为全网的关键设备，如果中央节点发生故障，整个网络就不能工作，因此要求中央节点具有较高的可靠性和冗余度及较强的数据处理能力，这无形又增加了费用。

星形拓扑结构是目前应用最广泛的一种网络拓扑结构，最常见的是由双绞线构成的 10Base-T 以太网。另外，几乎所有的无线通信网络都采用星形结构，如卫星通信、移动电话、无线寻呼等。

4. 树形拓扑

树形拓扑是从总线拓扑演变过来的，形状像一棵倒置的树，顶端有一个带分支的根，每个分支还可延伸出子分支。树形拓扑通常采用同轴电缆作为传输介质，并且采用宽带传输技术。

树形拓扑结构的特点包括：易于扩展，当需要加一个新的节点时，只需在最底层的节点上再加入一个分支；故障隔离容易，当一个分支节点发生故障时，整个树形网络可以被分成两个独立的树形网络，这时很容易将故障与整个网络分开。

树形拓扑最典型的应用是目前的有线电视网络。同轴电缆通过分支器形成一个树形拓扑结构，将电视信号从前端传送到所有用户家中。有线电视网络的主要特点承载单向的电视广播业务，覆盖面广，能够灵活地增加新用户而不需对网络进行大的改动。因此，有线电视网络采用树形拓扑结构是最合适的。

5. 网状拓扑

网状拓扑结构中，各节点之间通过传输线直接相连，也就是说，节点之间的连接是任意的，没有规则。

网状拓扑结构具有很高的可靠性，因为任何两个节点之间都有多条路由。当两个节点之间的直接路由出现故障时，这两个节点仍可通过第三个节点迂回路由进行通信。迂回路由的另一个作用是可以分担网络流量，当两个节点之间通信量过大时，可以分担一部分通信量到迂回路由上。但这种网状结构安装费用高，不易维护和管理。对一般企业应用来说，没有必要花费过多财力和人力来获得如此高的可靠性，所以网状拓扑结构大多应用在公用电信网络中，特别是主干网络中。

6. 混合型拓扑

混合型拓扑结构是上面的几种拓扑结构混合而成的。因为任何一种拓扑结构都各有优缺点，在实际应用时可根据需要有意识地发挥某一种拓扑结构的特点。混合拓扑结构中，目前应用最多的是星形和环形结构混合成的星形环结构。在主干网中采用环形拓扑结构，利用光纤和少量的高可靠性的节点构成高速环形网，利用星形拓扑结构克服环形网络不够灵活、增加节点困难这一缺点。星形环结构克服了星形和环形拓扑结构各自的缺点，不但具有环形网的优点，而且还具有全网故障检测与隔离及易扩充的优点。

1.2　网络传输介质

任何信息传输和共享都需要有传输介质，计算机网络也不例外。对于一般计算机网络用户来说，可能没有必要了解过多的细节，例如计算机之间依靠何种介质、以怎样的编码来传输信息等。但是，对于网络设计人员或网络开发者来说，因为要掌握信息在不同介质中传输时的衰减速度以及发生传输错误时如何去纠正这些错误等知识，所以必须要了解网络底层的结构和工作原理。

传输介质是网络中连接收发双方的物理通路，也是网络通信中传送信息的实际载体。传输介质在很大程度上决定了通信的质量，从而也直接影响到网络的协议。网络中常用的传输介质包括双绞线、同轴电缆、光纤及无线传输介质。不同的传输介质对网络通信质量的影响不同，主要体现在物理特性、传输特性、连通性、抗干扰性及传输距离等方面。

1. 同轴电缆

同轴电缆是网络中应用十分广泛的传输介质之一，它由一根空心的外圆柱导体及所包围的单根导线组成，包括内导体、外屏幕层、绝缘层及外部保护层等部分，如图 1-8 所示。

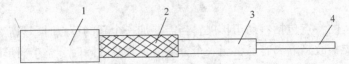

图 1-8　同轴电缆组成

1—外部保护层　2—外屏幕层　3—绝缘层　4—内导体

柱体铜导线用绝缘材料隔开，其频率特性比双绞线好，能进行较高速率的传输；屏蔽性能好，抗干扰能力强。对同轴电缆性能的主要限制是衰减和热噪声。

同轴电缆的规格是指电缆粗细程度的度量，按射频级测量单位（RG）来度量，RG 越高，铜芯导线越细；RG 越低，铜芯导线越粗。同轴电缆的品种很多，从较低质量的廉价电缆到高质量的同轴电缆，其质量差别很大。常用的同轴电缆的型号和应用如下：

1）阻抗为 50Ω 的粗缆 RG-8 或 RG-11，用于粗缆以太网。

2）阻抗为 50Ω 的细缆 RG-58A/U 或 C/U，用于细缆以太网。

3）阻抗为 75Ω 的电缆 RG-59，用于有线电视 CATV。

特性阻抗为 50Ω 的同轴电缆主要用于传输数字信号，此种同轴电缆叫做基带同轴电缆，其数据传输率一般为 10Mbit/s。其中，粗缆的抗干扰性能最好，传输距离为 500m，可作为网络的干线，但它的价格高，安装比较复杂；细缆比粗缆柔软，传输距离为 185m，而且价格低、安装比较容易，在早期的局域网中使用较广泛。

阻抗为 75Ω 的 CATV 同轴电缆主要用于传输模拟信号，此种同轴电缆又称为宽带同轴电缆。在局域网中可通过电缆 Modem 将数字信号变换成模拟信号在 CATV 电缆传输。对于带宽为 400MHz 的 CATV 电缆，典型的数据传输率为 100～150Mbit/s，在宽带同轴电缆中使用频分多路复用技术 FDM 可以实现数字、声音和视频信号的多媒体传输业务。

2. 双绞线

双绞线是最古老、最便宜，也是目前使用最广泛的传输介质。

双绞线是由两根具有绝缘保护的铜导线组成。把两根绝缘的铜导线按一定密度互相绞在一起，一方面是为了减小一根导线中电信号在另一根导线中产生的干扰信号，另一方面是为了减小与其他线对之间的信号干扰，如减小与电缆中邻近线对之间的串话噪声。如果把一对或多对双绞线放在一条导管中，便成了双绞线电缆。与其他传输介质相比，双绞线在传输距离、信号宽度和数据速度等方面均受到一定的限制，但价格较为低廉。目前双绞线可分为无屏蔽双绞线（UTP，Unshielded Twisted Pairwire，也称非屏蔽双绞线）和屏蔽双绞线（STP，Shielded Twisted Pairwire）两种。屏蔽双绞线电缆的外层由铝箔包裹，价格相对要贵一些。

双绞线既可传输模拟信号也可传输数字信号。对于模拟信号，每 5～6km 需要放大器。对于数字信号，每 2～3km 需要中继器。用双绞线传输点到点模拟信号，带宽可以到约 1MHz；长距离点到点传输数字信号速率可达每秒几个 Mbit，短距离可到 1Gbit/s。

双绞线最适合于局部网络内点对点之间的设备连接。由于使用双绞线传输信息时会向周围辐射，很容易被窃听，所以要花费额外的代价加以屏蔽，以减小辐射。之所以选用双绞线作为传输媒体，是因为其实用性较好，价格较低，比较适用于应用系统。

由于 UTP 的成本低于 STP，所以 UTP 的应用比 STP 更为广泛。下面仅对 UTP 作一些简要介绍，UTP 可以分为 6 类：

1）1 类 UTP。主要用于电话连接，通常不用于数据传输。

2）2 类 UTP。通常用在程控交换机和告警系统。ISDN 和 T1/E1 数据传输也可以采用 2 类电缆，其最高带宽为 1MHz。

3）3 类 UTP。又称为声音级电缆，是一类广泛安装的双绞线。此类 UTP 的阻抗为 100Ω，最高带宽为 16MHz，适合于 10Mbit/s 双绞线以太网和 4Mbit/s 令牌环网的安装，同时也能运行 16Mbit/s 的令牌环网。

4）4 类 UTP。最大带宽为 20MHz，其他特性与 3 类 UTP 完全一样，能更稳定的运行 16Mbit/s 令牌环网。

5）5 类 UTP。又称为数据级电缆，质量最好。它的带宽为 100MHz，能够运行 100Mbit/s 以太网和 FDDI，此类 UTP 的阻抗为 100Ω，目前已被广泛的应用。

6）6 类 UTP。是一种新型的电缆，最大带宽可以达到 1000MHz，适用于低成本的高速以太网的骨干线路。

3. 光缆

光导纤维是一种传输光束的介质，通常由透明的石英玻璃或塑料拉丝而成，直径很细而且十分柔软。光纤由一束玻璃芯组成，它的外面包了一层折射率较低的反光材料，称为覆层。其作用是吸收无用光线，保证有用光线反射回玻璃芯内，使光线曲折前进。

在光纤中，只要射到光纤表面的光线的入射角大于某一临界角度，就可以产生全反射。因此，可以存在许多条不同角度入射的光线在一条光纤中传输，这种光纤被称为多模光纤。若光纤的直径减小到只有光波波长数量级，则光都沿轴向传播，不发生反射，这种光纤被称为单模光纤。单模光纤提供更优的性能，不过价格也更高。

光纤的规格通常由玻璃芯材料及芯和覆层尺寸决定，芯的尺寸大小决定了光线的传输质量。常用的光纤有：$8.3\mu m$ 芯、$125\mu m$ 覆层、单模；$62.5\mu m$ 芯、$125\mu m$ 覆层、多模；$50\mu m$ 芯、$125\mu m$ 覆层、多模；$100\mu m$ 芯、$140\mu m$ 覆层、多模。

光导纤维电缆由一捆纤维组成，简称为光缆。光缆是数据传输中最有效的一种传输介质，它具有频带宽、衰减小、不受电源冲击及电磁干扰影响、电磁绝缘性能好、缆径细而且重量轻、无光泄漏从而保密性好、因中继器间隔大而降低成本等优点。它的缺点是抽头困难，造成难于拼接和分接、单向传输等。如果要实现双向传输则需要有两根光纤。

4. 无线传输介质

由于信息技术的发展，特别是近十几年无线电通信的快速发展，使得人们不仅可以在移动环境中进行无线电话通信，而且还能进行计算机无线数据通信。无线通信主要应用于一些高山、岛屿或河流地域中，在这些地方，铺设线路非常困难，而且成本非常高。目前，无线通信主要有无线电、微波、激光和红外线等方法。

（1）微波通信　微波数据通信系统有两种形式：地面系统和卫星系统。由于国家对空中无线电通信实行管制，因此使用微波通信要经过有关管理部门的批准，而且使用的设备也需要报批才行。微波在空间是直线传输的，而地球表面是个曲面，因此在地面传播的距离受到限制，一般只有 50km 左右。为实现远距离通信必须在一条无线电通信信道的两个终端之间建立若干个中继站。中继站的作用是把前一站送来的信息经过放大后再送到下一站。目前这种通信方式主要应用于电话、电报、图像、数据等信息的传输。卫星通信就是在地球站之间利用位于高空的人造同步地球卫星作为中继器的一种微波通信，实现远距离的信息传输。微波通信的主要特点是有很高的带宽容量大，受外界干扰影响较小，不受环境位置的影响，并且不需要铺设电缆。

（2）激光通信　激光通信多用于短距离的传输，其优点是带宽更高，方向性、保密性更好，缺点是传输效率受天气影响较大。

（3）红外线光通信　红外线光通信系统利用红外线进行通信，目前大多是用在小范围内的视距通信，比如室内通信。它的优点是不受电磁干扰和射频干扰的影响，因此不存在信号泄露和各个系统相互干扰的问题，具有良好的安全性而且也不需要许可证；缺点是能被障碍物反射回来，不能穿透障碍物。

1.3　网络系统集成

1.3.1　网络系统集成的定义

系统集成可以理解为：在系统工程学方法的指导下，根据用户需求，优选各种技术和产品，提出系统性的应用方案，并按照方案对组成系统的各个部件或子系统进行综合集成，使之彼此协调工作，成为一个完整、可靠、经济和有效的系统，达到整体优化的目的。

网络系统集成就是根据应用领域的需要，将硬件平台、网络设备、系统软件、工具软件和相应的应用软件集成为具有优良性能和价格比的计算机网络系统及应用系统的全过程。它为用户提供从方案设计、产品优选、网络规划、软硬件平台配置、应用软件开发、直至技术咨询与培训、售后服务等的总体服务，使用户得到一体化的解决方案。网络系统集成包括技术集成、硬件集成、软件集成和应用集成。

1. 技术集成

由于计算机网络技术不断发展，各种网络通信技术层出不穷，网络体系纷繁复杂，使得组网单位、网络普通用户和一般技术人员难以掌握和选择合适的网络系统。技术集成就是根据用户网络需求和特点，考虑网络技术发展的变化，为用户选择所采用的各项技术，为用户提供解决方案和网络系统设计方案。

2. 硬件集成

根据用户需求，为用户选择合适的网络设备，并用这些硬件组建成网络硬件系统，以达到或超过系统设计的技术性能指标。

3. 软件集成

根据用户需求和特点，为用户选择好用、安全的软件系统，并为用户的具体应用架建系统平台。

4. 应用集成

用户需求互不相同、各具特色，不同行业、不同规模、不同层次的单位网络应用也各不相同。应用集成就是对用户进行调查、分析、论证，使用户能够得到一体化的网络解决方案，节省工作时间，提高用户的工作效率和业绩。

1.3.2 网络系统集成的体系框架

网络系统集成是一门综合性学科，除了技术因素外还有很多管理因素。要想真正地帮助用户实现信息化，必须深入了解和切入用户业务和管理，建立网络应用模型，根据应用模型设计切实可行的系统方案并实施。在这个过程中，需要方方面面的人才，比如项目管理人员、系统分析员、网络工程师、施工人员和应用工程师等。本书从系统工程的角度提出网络系统集成的初步体系框架，包括环境支持平台、计算机网络平台、应用基础平台、网络应用平台、网络管理平台及网络安全平台等六个平台。

1. 环境支持平台

环境支持平台为保障网络安全、可靠、正常运行所必须采取的环境保障措施。

（1）机房 机房是放置核心网络设备、网络服务器以及交换机和布线基础设施的场所，对机房的规范化设计非常重要。设计机房时，重要的因素有机房位置、机房结构、温度、湿度、防静电、防电磁干扰、防雷、防太阳暴晒、电源等，在网络施工前要先行设计施工装修。

（2）电源 电源是保证网络系统正常工作的重要因素。供电设备容量应有一定的储备，所提供的功率应是全部设备负载的125%。计算机房最好采用专线供电，与其他电感设备隔离，与空调、照明、动力等分开。

一个稳定、安全的电源系统应至少有两路供电，并有智能切换开关，当一路供电有问题时，自动地切换到备用线路。有些单位供电电压长期不稳，对网络通信和服务器设备安全和寿命造成严重威胁，甚至破坏宝贵的业务数据，因此应配备 UPS 备用电源。UPS 有三项主要功能：稳压、备用供电和智能电源管理。所配置的 UPS 电源要有稳压电源或带整流器和逆变器来防止电压波动，最好配备能够与网络通信设备和服务器接口的智能管理型 UPS，断电时 UPS 会调用一个值守进程，保存数据现场并使设备正常关机。一个良好的电源系统是网络可靠运行的保证。

（3）接地系统 网络系统接地是非常重要的安全措施。接地是指系统中各处电位均以大地为参考点，地为零电位。接地可以为计算机系统的数字电路提供一个稳定的低电位，可以保证设备和人身的安全，同时也是避免电磁信息泄漏的必不可少的措施。

网络系统内的所有设备，包括辅助设备，外壳均应接地。因为电子设备的电源线绝缘层破坏和偶然接触时，设备的外壳可能带电，极易造成人身和设备事故。因此必须将外壳接地，以使外壳上积聚的电荷迅速排放到大地。

2. 计算机网络平台

计算机网络平台是整个网络系统的支撑平台，主要包括了网络和通信两大部分。

（1）网络传输基础设施 网络传输基础设施是指以网络连通为目的而铺设的信息通道，根据距离、带宽、电磁环境和地理形态的要求，可以是室内综合布线系统、建筑群综合布线系统、城域网主干光缆系统、广域网传输线路系统、微波传输和卫星传输系统等。

（2）网络通信设备 通过网络基础设施连接网络节点的各种设备，通称网络设备，包括网络接口卡（NIC）、集线器（Hub）、交换机、三层交换机、路由器、远程访问服务器（RAS）、调制解调器、中继器、收发器、网桥和网关等。

（3）网络服务器硬件和操作系统 服务器是组织网络共享核心资源的宿主设备，网络操作系统是网络资源的管理者和调度员，二者是构成网络基础应用平台的基础。

（4）网络协议　网络中的节点之间要想正确地传送信息和数据，必须在数据传输的速率、顺序、数据格式与差错控制等方面有一个约定或规则，这些用来协调不同网络设备间信息交换的规则称作协议。网络中每个不同的层次都有很多种协议，如数据链路层有著名的CSMA/CD 协议，网络层有著名的 IP 协议集和 IPX/SPX 协议等。系统集成技术人员只要弄通几种主要协议就够了。

（5）外部信息基础设施的互连和互通　20 世纪 90 年代中期网络建设还停留在信息孤岛阶段，各单位、行业建立了很多物理上互不连通、应用上互不相容的网络，行政方面的条块分割更使这种建设恶性膨胀。Internet 的出现彻底改变了这种局面。今天，互连互通已成为建网的出发点之一，几乎所有的网络系统集成项目都需要首先考虑内连和外连问题。

3. 应用基础平台

（1）Internet 服务　指建立在 TCP/IP 和 Internet/Intranet 体系基础之上，以沟通、信息发布、数据交换和信息服务为目的的一组服务程序，包括电子邮件、Web、文件传送、域名等服务。

（2）数据库平台　到目前为止，数据库系统仍然是支持网络应用的核心。小到人事工资档案管理、财务管理系统，中到全国联机售票系统，大到集团公司的数据仓库、全国人口普查和气象数据分析，数据库都担当着主要角色。可以这么说，哪里有网络，哪里就有数据库。网络数据库平台由 3 部分组成：RDBMS、SQL 服务程序和数据库工具。

目前比较流行的数据库有 Oracle、SyBase、Microsoft SQL Server、IBM DB2 等服务器产品。

（3）群件　群件与数据库管理系统相似，也是一个配置在服务器网络操作系统上的集成模块。目前，市场上流行的可供选择的群件产品有 IBM/Notes，Microsoft/Exchange 和 Net Meeting 等，这些产品一般包括相应的专用开发工具。

（4）开发工具　开发工具是指为建造具体网络应用系统所采用的软件通用开发工具，主要有以下三种：

1）数据库开发工具。根据具体应用层次又分为通用数据定义工具、数据管理工具和表单定义工具，如 PowerBuilder 和 JetForm 等。

2）Web 平台应用开发工具。包括 HTML/XML 标准文档开发工具（如 FrontPage）、Java工具（Java Shop）和 ASP 开发工具（如 Microsoft Inter Dev）等。

3）标准开发工具。如 Delphi、Visual Basic、C++ 等。

4. 网络应用平台

网络应用平台是指在计算机网络平台和网络应用基础平台的基础之上，系统集成商为建网单位自行开发的通用或专有应用系统，如财务系统、ERP-Ⅱ系统、项目管理系统、远程教学系统、股票交易系统、电子商务系统、CAD/CAM 系统和 VOD 系统等。网络应用系统的建立，表明网络应用已进入成熟阶段。

在网络中，基础服务程序和网络应用程序一般都处于服务器端，网络应用系统的用户操作界面一般有以下三种情况：

1）客户机/服务器平台界面。应用系统程序分为客户端和服务端两部分，分别可以定义各自的操作系统平台。客户端主要承担界面交互、查询请求和显示结果，服务端则处理客户端请求并返回结果。每次软件升级都要分别更换服务端和客户端，如果客户端工作站数目很多，则工作量巨大。

2）Web 平台界面。又称浏览器/服务器平台界面。其特点是根据用户需要，服务端可以随意变化，而客户端只要安装浏览器就行了。这是现在主要发展方向。

3）图形用户界面。即基于视窗的任务界面，仅把服务端作为文件系统，且 API 调用较多，而且操作方便快捷，如 Windows 系列基于视窗的应用系统。

5. 网络管理平台

在网络信息系统中，为了了解、维护和管理整个网络系统的运行状况，网络管理是不可缺少的。要实现系统管理必须配置相应的软硬件，其功能主要有故障管理、性能管理、配置管理、安全管理和计账管理等五个方面。

网络管理平台的对象主要是 OSI 七层中下三层的软硬件设备，常用的网络管理协议有 SNMP（简单网络管理协议）和 RMON（远程监控）；RMON Ⅱ则可以管理第三层到第七层。

网络管理平台根据所采用网络设备的品牌和型号的不同而不同，但大多数都支持 SNMP，建立在 HP Open View 网管平台基础上。为了网络管理平台的统一管理，习惯上在一个网络中尽量使用同一家网络厂商的产品。

6. 网络安全平台

安全问题一直是网络研究和应用的热门内容。特别是近年来，由于 Internet 的高速发展，网络安全已成为网络用户关注的焦点之一。由于网络的互通性和信息资源的开放性使得网络面临着诸多威胁，因此从建网开始就要仔细考虑网络安全的解决方案和安全防范措施。目前，广泛使用的网络安全技术有如下几种：

1）在应用层设置访问权限。主要方法有用户口令、密码和访问权限设置等。

2）在网络层设置防火墙，防止外部不良企图者的侵犯。目前，常用的防火墙技术主要有包过滤技术、代理服务器和应用网关。

3）在数据链路层使用数据加密技术，防止不法分子从通信信道窃取信息。目前，常用的数据加密技术主要有对称加密算法和不对称加密算法。

4）在物理层实施内外网物理隔离技术，真正实现了内外网的隔离。

小结

网络是指利用通信设备和线路连接设备将地理位置不同、功能独立的多个计算机系统连接起来，用功能完善网络软件实现网络中的资源共享和信息传递的系统。网络主要分为局域网和广域网。

网络结构是一个与网络设计密切相关性的问题。随着计算机通信技术的发展，网络结构经过了一个由低级到高级的演变过程，大体上可以分成 5 个阶段：具有通信功能的单机点到点的网络结构、面向终端的计算机网络系统、面向计算机的网络结构、通信子网和公用数据网。

对于网络体系模型，国际上不同的组织提出了许多的模型，其中 ISO 提出的开放式系统互连模型（OSI）最为著名，它的开放性使得任何两台遵守 OSI 参考模型和有关协议的系统都可以进行连接。OSI 参考模型共把网络体系分为七层：物理层、数据链路层、网络层、传输层、会话层、表示层和应用层。

传输介质是网络中连接收发双方的物理通路，也是网络通信中传送信息的实际载体。传输介质在很大程度上决定了通信的质量，从而也直接影响到网络的协议。

网络中常用的传输介质有双绞线、同轴电缆、光缆及无线传输介质。不同的传输介质对网络通信质量的影响不同，主要体现在物理特性、传输特性、连通性、抗干扰性及传输距离等方面。

网络系统集成就是根据应用领域的需要，将硬件平台、网络设备、系统软件、工具软件和相应的应用软件集成为具有优良性能价格比的计算机网络系统及应用系统的全过程。网络集成为用户提供从方案设计、产品优选、网络规划、软硬件平台配置、应用软件开发、直至技术咨询与培训、售后服务等的总体服务，使用户得到一体化的解决方案。网络系统集成包括技术集成、硬件集成、软件集成和应用集成。

[复习题]

1. 网络发展经历了几个阶段？世界网络现状如何？
2. 网络的主要新技术有哪些？网络的发展前景如何？
3. 什么是计算机网络？如何进行分类？
4. 在计算机网络中哪些资源可以共享？
5. 什么是网络的体系结构？其设计思想是什么？
6. OSI 参考模型分为哪几层？分层的原则是什么？
7. 什么是服务？什么是协议？它们之间有什么区别？
8. 目前常用的传输介质有几种？
9. 什么是网络系统集成？
10. 试描述网络系统集成的体系框架。

第 2 章　网络资源设备

网络资源设备是计算机网络中重要的组成部分，而且是网络的物质基础，对网络具有很大影响。本章重点讨论网络中重要的资源设备——网络服务器和网络传输及存储设备。

2.1　网络服务器

2.1.1　服务器概述

网络服务器是指在网络环境中可以为客户端提供各种服务的、特殊的专用计算机系统，其在网络中承担着数据的存储、转发、发布等关键任务，是网络中不可或缺的重要组成部分。

20 世纪 50 年代中后期，受计算机成本和数据限制，信息系统采用将分散的多个终端通过通信线路连接到一台中心计算机上的多用户模式，用户通过与主机相连的操作终端，在主机操作系统的管理下共享主机的内存、外存、中央处理器、输入输出设备等资源。随着计算机技术的发展，特别是微型机价格的降低，这种终端逐渐被其所代替，形成了计算机之间为信息共享和协同工作而组成的计算机网络。作为最重要的网络资源设备，网络服务器先后经历了文件服务器、数据库服务器、通用服务器和专用应用服务器等几种角色的演变。

文件服务器就是利用服务器的海量存储和优秀的吞吐能力，为网络中连接的工作站群提供资源共享服务。它拥有比较完备的存储设备管理和用户安全管理体系。

数据库服务就是采用客户端/服务器(Client/Server,简称 C/S)模式，使用大型数据库系统的服务程序作为服务器的主角，操作系统的作用被大大淡化了。

通用服务器是指在异构网络环境下统一简化的客户端平台和广域网上的信息发布、采集、利用和高度资源共享，是现阶段用户最多的网络服务应用类型。主要包括 Web(WWW)、E-mail(SMTP 和 POP3)、FTP、DNS、DS 目录服务、Proxy 等服务应用。

应用服务器主要包括基于浏览器/服务器(B/S)结构的 Web 应用服务器和专用服务器。Web 应用服务器通过采用中间件或通用数据库接口构造和运行 Web 应用系统，其后端是数据库服务器，客户端则全部是浏览器。客户端/服务器(C/S)和浏览器/服务器(B/S)两种应用结构的对比如图 2-1 所示。

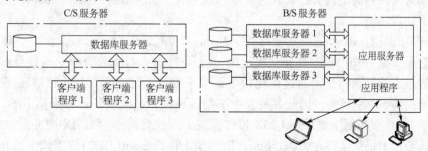

图 2-1　C/S 和 B/S 应用结构对比

专用服务器也叫功能服务器，是按照服务器所提供的主要功能来进行细分的，如 CAD 服务器、视频点播服务器、流式音频（RM）点播服务器、NetMeeting 电视会议服务器、Voice-over-IP（如 IP 电话）服务器、打印服务器、游戏对战服务器等。

2.1.2　服务器的分类

服务器是网络中必不可少的组成部分。根据不同的标准，可以对服务器作不同的分类。

1. 按硬件体系结构划分

按照服务器采用的 CPU 架构，可以将其分为 CISC 架构、VLIW 架构和 RISC 架构 3 类。

（1）CISC 架构　CISC 的英文全称为 "Complex Instruction Set Computer"，即复杂指令系统计算机。CISC CPU 结构从 1964 年 IBM 360 系统开始，包括后来的 Intel X86 系列处理器和 IA-32 架构的 Pentium（Pro）、Pentium Ⅱ、Pentium Ⅲ（Xeon）等都属于这种结构。CISC 架构服务器主要指 IA 架构服务器，即日常所说的 "PC 服务器"。

PC 服务器的主要优点是通用性好、配置灵活、性价比高、第三方支持的应用软件丰富，缺点是 CPU 运算处理能力稍差，I/O 吞吐能力不及 RISC 服务器，当承担密集数据库应用和高并发度应用时显得难以应付。支持 Intel 架构 PC 服务器的厂商及产品主要有 HP 公司的 NetServer 系列、IBM 公司的 eServer（Netfinity）系列、Compaq 公司的 Prosiginal/Proliant 系列以及 DELL 公司的 PowerEdge 系列等。国内方面除曙光公司外几乎所有的服务器制造商生产的都是 PC 服务器。

PC 服务器中运行的主流操作系统有 Windows NT/2000、Linux 家族、SCO UNIX 和 Novell NetWare，其中又以 Windows NT/2000 占统治地位，因此，Intel 架构 PC 服务器就有了另一个响亮的称呼——NT 服务器。

PC 服务器根据安装结构可以分为机座式服务器和机架式服务器。

（2）VLIW 架构　VLIW 是英文 "Very Long Instruction Word" 的缩写，即超长指令集架构。VLIW 架构采用先进的 EPIC（清晰并行指令）设计，因此也把这种架构称为 "IA-64 架构"。每个时钟周期 IA-64 可运行 20 条指令，而 CISC 通常只能运行 1 ~ 3 条指令，RISC 也不过能运行 4 条指令。VLIW 的最大优点是简化了处理器的结构，删除了处理器内部许多复杂的控制电路，这些电路通常是超标量芯片协调并行工作时必须使用的。VLIW 架构处理器结构简单，使芯片制造成本降低、能耗减少，而处理性能却得以提高。目前基于这种指令架构的微处理器主要是 Intel 的 IA-64 与 AMD 的 X86-64。

随着 IA-64 架构 CPU 的诞生，以及 64 位版本的操作系统的问世，VLIW 架构服务器不仅保持了其易用性和价格优势，而且在处理性能上有了质的飞跃，从而也被广泛应用于超大规模的数据处理环境。

（3）RISC 架构　RISC 的英文全称为 "Reduced Instruction Set Computing"，即精简指令集计算，它是 IBM 在 20 世纪 70 年代提出的。RISC 技术大幅度减少指令的数量，用简单指令组合代替过去的复杂指令，通过优化指令系统来提高运行速度，其处理器比同等的 CISC 处理器性能提高 50%~75%，因此各种大中小型计算机和超级服务器都采用 RISC 架构的处理器。由于 RISC 服务器主要采用 UNIX 操作系统，因此又被称为 UNIX 服务器。目前 RISC 服务器的核心技术仍然掌握在 IBM、Sun、HP、SGI 和 Compaq（DEC）等美国少数几家公司手中。RISC 架构的 CPU 种类非常多，全部为 64 位处理器，其中 Sun 和 Fujistu 服务器采用

SPARC；HP 和 DEC 服务器采用 Alpha；IBM 服务器采用 Power；SGI 服务器采用 MIPS。另外，不同厂商服务器的 I/O 总线也各不相同，这就意味着不同品牌 RISC 服务器的板卡都是专用的，彼此之间不兼容。虽然操作系统都是 UNIX，但又是不同软件开发商开发的，系统之间完全不同。由此可见，RISC 架构是封闭专用的计算机系统，不仅价格昂贵，而且售后维护需要大量资金。

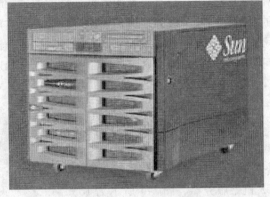

图 2-2 Sun Fire V890 服务器

不过，尽管 RISC 是 PC 服务器价格的几倍，并且在设备购置之后还要处处受制于厂商，但仍然受到许多高端用户的青睐。原因在于他们看中的是 UNIX 操作系统的安全性、可靠性，以及专用服务器的高速运算能力。而所有这一切，都是目前其他架构的服务器所无法比拟的。图 2-2 所示为安装 8 颗 Ultra SPARC IV 的 Sun Fire V890 服务器。

2. 按网络应用规模划分

按照服务器性能的不同，可以将服务器分为入门级、工作组、部门级和企业级。

（1）入门级服务器 入门级服务器通常只有 1~2 颗普通 CPU，并根据需要配置 512MB ~ 1GB 的 ECC 内存和传输速率在 40MB/s 以下的 IDE 硬盘，必要时也会采用 SCSI 磁盘系统提高性能，或使用 IDE RAID 进行数据保护。操作系统主要是 Windows、Linux、NetWare，一般用于中小型网络用户的文件共享、打印服务、数据处理、Internet 接入等需求。

（2）工作组级服务器 工作组级服务器一般支持 1~2 个服务器专用 CPU（如 Intel Xeon 或 AMD Opteron），可支持大容量 ECC 内存（可达 16GB），配置了小型服务器所必备的各种材料，如采用 SCSI 总线的 I/O 系统，可选装 RAID、热插拔硬盘和热插拔电源等。其功能全面、可管理性强、易于维护，具有高可用性。

工作组级服务器用于联网计算机的数量在 30~50 台、对处理速度和系统可靠性要求不是很高的中小型网络，比较适合中小企业、中小学、大企业的分支机构的 Web、E-mail、数据处理、文件共享、Internet 接入以及简单数据库应用等服务。

（3）部门级服务器 部门级服务器一般支持 2~4 个服务器专用 CPU（SMP 对称多处理器结构），具有较高的可靠性、可用性、可扩展性和可管理性，通常标准配置有热插拔硬盘、热插拔电源和 RAID。其特点是具有大容量硬盘或磁盘阵列以及数据冗余保护，数据处理能力较强，易于维护管理。部门级应用服务器还具有极强的扩充能力，适用于对可靠性要求较高的应用环境，结合 RAID 磁盘阵列还可以进一步提高数据安全性。

部门级服务器是面向中型网络的核心服务器，用于联网计算机在百台左右、对处理速度和系统可靠性要求较高一些中型网络，最适合作各种小型数据库、Internet 和 Web 服务器等网络应用。

（4）企业级服务器 企业级服务器通常支持 4~8 个服务器专用 CPU、最新 CPU 技术及关键部件热插拔技术，使得系统性能、系统连续运行时间均得到较大的提升。它支持超大容量 DDR 或 DDR2 ECC 内存，双通道 Ultra320 SCSI 高速数据传输，硬盘、电源、风扇等关键部件的在线维护功能，集成双千兆位网络控制器，支持冗余和负载平衡、大容量热插拔硬盘和热插拔电源，具有超强的数据处理能力，同时系统的监控管理也得到很大简化，具有良好的系统伸缩性，极大地保护了用户投资。这类产品具有高度的容错能力及优良的扩展性能，可作为大型企业级网络的数据库服务器，适合运行在需要处理大量数据、高处理速度，以及可靠性要求极高的金融、证券、交通、邮电和通信等行业中。

3. 按照外观划分

按照服务器的外观，可以分为台式服务器、机架式服务器、刀片式服务器和机柜式服务器 4 种。图 2-3 所示是 1U 的 HP Proliant DL140 G3 机架服务器，图 2-4 所示为 IBM BladeCenter hs21 刀片服务器和机箱。

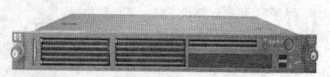

图 2-3　1U 的 HP Proliant DL140 G3 机架服务器

图 2-4　IBM BladeCenter hs21 刀片服务器和机箱

2.1.3　服务器相关技术

1. 对称多处理（器）技术

对称多处理（SMP，Symmetric Multi-Processing）技术是指在一个计算机上汇集了一组处理器（多 CPU），各 CPU 之间共享内存子系统以及总线结构，系统将任务队列对称地分布于多个 CPU 之上，从而极大地提高了整个系统的数据处理能力。

在对称式结构中，每一个处理器的地位都是一样的，它们连接在一起，共享一个存储器。存储器里有一个操作系统，每个计算机都能运行这个操作系统，都能响应外部设备的请求，即每个存储器的地位是平等、对称的。在国内市场上这类机型的处理器一般以 4 个或 8 个为主，有少数是 16 个处理器。但是一般来讲，SMP 结构的机器可扩展性较差，很难做到100 个以上多处理器，常规的一般是 8 个到 16 个，不过这对于多数的用户来说已经够用了。这种机型的好处在于它的使用方式和微型机或工作站的区别不大，编程的变化相对来说比较小，原来为微型机工作站编写的程序如果要移植到 SMP 机器上使用，改动起来也相对比较容易。SMP 结构的机型可用性比较差，因为 4 个或 8 个处理器共享一个操作系统和一个存储器，一旦操作系统出现了问题，整个机器就会完全瘫痪。而且由于这种机型的可扩展性较差，不容易保护用户的投资。但是这类机型技术比较成熟，相应的软件也比较多，因此现在国内市场上推出的并行机大多数都是这一种。

2. 集群技术

集群（Cluster）技术是提高服务器性能的一项新技术，它是将一组相互独立的计算机通过高速的通信网络组成一个单一的计算机系统，并以单一系统模式加以管理。其出发点是提供高可靠性、可扩充性和抗灾难性。

一个服务器集群包含多台拥有共享数据存储空间的服务器，各服务器之间通过内部局域网进行相互通信；当其中一台服务器发生故障时，它所运行的应用程序将由其他服务器自动接管。在大多数情况下，集群系统中所有的服务器都拥有一个共同的名称，集群系统内任意一台服务器都可被所有的网络用户所使用。

集群系统通过功能整合和故障过渡技术实现系统的高可用性和高可靠性，集群技术还能够提供相对低廉的总体拥有成本和强大灵活的系统扩充能力。

常见集群技术有服务器镜像技术、应用程序错误接管集群技术、容错集群技术等。

3. 分布式内存存取技术

分布式内存存取（NUMA，Nom-Uniform Memory Access）技术是在高性能服务器领域中被广泛采用的一种新技术，是将 SMP 和群集的优势有机结合在一起。它是由若干通过高速专用网络连接起来的独立节点所构成的系统，各个节点可以是单个的 CPU 或是一个 SMP 系统，如图 2-5 所示。

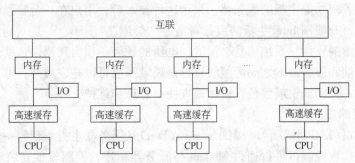

图 2-5　NUMA 体系结构

由于在 SMP 体系结构中使用共享存储器，因此系统性能受系统 I/O 性能的限制。如果采用 NUMA 技术，每一个 Intel 处理器都将拥有其自己的局部内存，并能够形成与其他芯片中的内存静态或动态的连接，提高了系统的总体性能，减轻了并行计算机程序设计的复杂度，系统扩展性好，但难于管理和资源使用效率低。它的价格介于 SMP 系统和群集系统之间。最初 NUMA 技术是建立在采用专用的 IRIX 操作系统和 MIPS 处理器之上的，而现今该项技术已经被越来越多的厂商所采用。

4. 高性能存储技术

服务器是为网络中其他计算机提供服务的，由于服务器要将其数据、硬件提供给网络共享，在运行某些应用程序时要处理大量的数据，而且很有可能需要同时响应几十台、几百台甚至上千台计算机的请求，因此要求服务器拥有很高的 I/O 性能。

（1）SCSI（Small Computer System Interface，小型机系统接口）　SCSI 于 1979 年由美国的

Shugart 公司研制，主要是应用于服务器领域，经过多年的改进已经成为服务器 I/O 系统最主要的标准，几乎所有服务器和外设制造商都在开发与 SCSI 接口连接相关的设备。

SCSI 接口具备独立于硬件设备的智能化接口、减轻 CPU 负担、多个 I/O 并行操作、传输速度快等性能优势。SCSI 接口可以连接硬盘、光驱、磁带机、扫描仪等常见的外设，外设通过专用线缆和终端电阻与 SCSI 适配卡相连。

目前主要采用的是 160MB/s 和 320MB/s 传输率的 Ultra 160/m SCSI 和 Ultra 320 SCSI 标准，由于采用了低压差分信号传输技术，使传输线长度从 3m 增加到 10m 以上。在不久的将来 640MB/s 的 SCSI 总线也会被采用。

（2）RAID（Redundant Array of Independent Disks，独立磁盘冗余阵列）　RAID 技术就是利用现有的小型廉价硬盘，把多个硬盘按一定的方法组成一个磁盘阵列，通过一些硬件技术和一系列的调度算法，使得整个磁盘阵列对用户来说，就像是一个容量很大、可靠性高以及速度非常快的大型磁盘。磁盘阵列的特点包括：提高了存储容量；多台磁盘驱动器可并行工作，提高了数据传输率；由于有校验技术，提高了可靠性。如果阵列中有一个磁盘损坏，利用其他磁盘可以恢复出损坏盘原来的数据，而不影响系统的正常工作，并可以在带电状态下更换已损坏的硬盘（即热插拔功能）；阵列控制器会自动把重组数据写入新盘，或写入热备份盘而将新盘用做新的热备份盘。另外，磁盘阵列通常配有冗余设备，如电源和风扇，以保证磁盘阵列的散热和系统的可靠性。

5. Intel 服务器控制技术

Intel 服务器控制（ISC，Intel Server Control）技术是一种网络监控技术，只适用于使用 Intel 架构的带有集成管理功能主板的服务器。采用这种技术后，用户在一台普通的计算机上，就可以监测网络上所有使用 Intel 主板的服务器是否"健康"。

一旦服务器中的硬件、系统信息、温度、电压的任何一项出现错误，就会报警提示管理人员，而且监测端和服务器端之间的网络可以是局域网也可以是广域网，可直接通过网络对服务器进行启动、关闭或重新置位，极大地方便了管理和维护工作。

6. 应急管理端口

应急管理端口（EMP，Emergency Management Port）是服务器主板所带的一个用于远程管理服务器的接口。远程控制机可以通过 Modem 与服务器相连，控制软件安装于控制机上。远程控制机通过 EMP Console 控制界面可以对服务器进行打开或关闭服务器的电源、重新设置服务器（包括主板 BIOS 和 CMOS 的参数）、监测服务器内部情况（如温度、电压、风扇情况）等。

7. 智能输入/输出（I^2O）技术

随着处理器性能的飞速提高，服务器系统的作用越来越大，一旦作为网络中心设备后，其数据传输量会大大增加，因而 I/O 数据传输经常会成为整个系统的瓶颈。为了解决该问题，服务器厂商将 I/O 系统中添加 CPU，负责中断处理、缓冲存取以及数据传输等繁琐任务，提高了系统的吞吐能力，服务器的主处理器也能被解放出来去处理更为重要的任务。

因此，依据 I^2O 技术规范实现的 PC 服务器在硬件规模不变的情况下能处理更多的任务，作为中小型网络核心的低端 PC 服务器可以从中获得更多的性能提高。

8. 热插拔

热插拔（Host Swap）功能就是允许用户在不关闭系统、不切断电源情况下取出和更换损坏的硬盘、电源或板卡等部件，从而提高了系统对灾难的及时恢复能力、扩展性和灵活性等。

对于一些应用于关键任务的服务器，由于可以在不停机的情况下更换损坏的 RAID 卡或以太网卡等，从而大大地减少了由于硬件故障而造成的系统停机时间。利用热插拔技术，也可以在不停机情况下进行硬件扩容，如扩大硬盘、添加网卡等。

9. I²C 总线技术

I²C(Inter-Integrated Circuit)总线是一种由飞利浦公司开发的串行总线技术。I²C 总线包括一个两端接口，通过一个带有缓冲区的接口，数据可以被 I²C 发送或接收。控制和状态信息则通过内存映射寄存器来传送。利用 I²C 总线技术可以对服务器的所有部件进行集中管理，可随时监控内存、硬盘、网络、系统温度等多个参数，增加了系统的安全性，方便了管理。

10. 刀片技术

刀片技术是一种 HAHD(High Availability High Density,高可用高密度)的低成本技术，使用刀片技术生产出的刀片服务器，是专门为特殊应用行业和高密度计算机环境设计的。

每一块"刀片"实际上就是一块系统母板，类似于一个独立的服务器。在这种模式下，每一个母板运行自己的系统，服务于指定的不同用户群，相互之间没有关联。可以使用系统软件将这些母板集合成一个服务器集群，在集群模式下，所有的母板可以连接起来提供高速的网络环境，可以共享资源，为相同的用户群服务。

2.1.4 服务器的性能指标

衡量服务器性能的指标有很多种，综合起来，可以从下列 5 个方面来衡量服务负载性能。

1. 响应速度和作业吞吐量

响应速度是指用户从输入信息到服务器完成任务的响应时间，而作业吞吐量是整个服务器在单位时间内完成的任务量。响应速度和作业吞吐量是衡量服务器的 CPU、内存、I/O 能力等的综合性能指标，只有这些部件协同运行才能提高服务器的整体性能。

在服务器中，必须能响应来自四面八方的服务请求，并在极短的时间内处理这些请求。服务器与 PC 不同，在 PC 中，响应速度慢一些不是太严重的事情，可在服务器中，这是不允许的。网络响应包括服务器响应与线路传输两部分，服务器响应速度不高，再加上线路传输速度的限制，这是用户不能容忍的，同时也降低系统的总体处理效率。因此必须针对具体网络，采用高主频的 CPU、大容量的内存和高性能的 I/O 系统来提高服务器的响应速度与作业吞吐量，从而提高网络处理效率。

2. 可扩展性

可扩展性是指服务器增加设备的扩展能力，具体表现在两个方面：一是留有富余的机箱可用空间，二是充裕的 I/O 带宽。

选择服务器时，中小企业用户首先考虑系统的可扩展能力，即系统应该留有足够的扩展空间，以便于随业务应用的增加和网络规模扩大对系统进行扩充和升级。这种可扩展性主要包括处理器和内存的扩展能力(比如有没有多余的 CPU 接入槽口,有几个内存槽,是否支持内存频率从 200MHz 提升到 266MHz 等)、存储设备的扩展能力(比如 SCSI 或 IDE 卡可支持多少硬盘,这些硬盘接口数量是否满足需求等)以及外部设备的可扩展能力和应用软件的升级能力等。

3. 高可用性

可用性是指设备处于正常运行状态的时间比例,一般使用平均无故障工作时间(MTBF)和平均修复时间(MTBR)来衡量可用性指标。系统的可用性可用下式表示:

$$系统可用性 = MTBF/(MTBF + MTBR)$$

也就是说,如果系统的可用性达到 99.9%,则每年的停止服务时间将达 8.8 小时,而当系统的可用性达到 99.99% 时,年停止服务时间是 53 分钟,当可用性达到 99.999% 时,每年的停止服务时间只有 5 分钟。

对于网络时代的企业,任何服务停止带来的损失无疑是巨大的。据国外权威机构对 400 家企业的调查,普通企业一次关键应用的停机平均损失达每小时 1 万美元,而对于一些金融企业每小时的停机损失竟达到 100 万美元。通过调查发现,造成系统停止服务的主要原因有三个:其一,硬件故障,在整个停机原因中占 30%;其二,操作系统和应用软件故障,占整个停机原因的 35%;其三,由于操作失误、程序错误和环境故障,占整个停机原因的 35%。

可以看出,要提高系统的可用性必须从硬件和软件两个方面入手。对于硬件产品而言,部件冗余是提高可用性的基本方法,通常是对发生故障给系统造成危害最大的那些部件添加冗余配置,并设计方便的更换结构,从而保证这些设备即使发生故障也不会影响系统的正常工作。常用的部件冗余有磁盘系统冗余、电源系统冗余、网络系统冗余、冷却系统冗余和系统冗余等。而对于软件系统而言,很难预测何时产生故障,于是如何减少软件恢复的时间是提高系统可用性的一个重要课题,一般采用对操作系统和应用软件备份方法来快速地恢复软件系统,降低平均修复时间(MTBR),达到提高可用性的目的。

4. 可管理性

可管理性旨在利用特定的技术和产品来提高系统的可靠性,降低系统的购买、使用、部署和支持费用。最显著的作用体现在减少维护人员的工时占用和避免系统停机带来的损失。服务器的管理性能直接影响服务器的易用性,系统的可管理性对企业正常运行起着非常关键的作用。

作为一个关键指标,可管理性直接影响到中小企业使用服务器的方便程度。良好的可管理性主要包括人性化的管理界面,硬盘、内存、电源、处理器等主要部件便于拆装、维护和升级,具有方便的远程管理和监控功能,具有较强的安全保护措施等。

5. 可靠性

可靠性就是要求服务器必须稳定运行,也就是"死机"率低。其中的关键在于操作系统与配件设备的协作,如果待处理的资源控制在 CPU 和操作系统上,就会避免由于某项任务处理出错导致系统无法运行的情况,服务器死机率将大大降低。

如果客户用服务器来实现文件共享和打印功能,只要求服务器在用户工作时间段内不出现停机故障,那么服务器中的低端产品就完全可以胜任。对于银行、电信、航空之类的关键业务,即便是短暂的系统故障,也会造成难以挽回的损失。可以说,可靠性是服务器的灵魂,其性能和质量直接关系到整个网络的系统可靠性。

2.1.5　服务器的选型要点

服务器的价格从几万元、十几万元，甚至到几十万元，几乎是整个网络中最昂贵的设备，而且直接决定着网络服务能否正常、稳定、高速地提供。事实上，网络搭建的重要目的就是享受由服务器提供的网络服务，因此，网络服务器的选购必须非常慎重。

1. 服务器选型原则

在选择服务器时应遵循以下原则。

1) 高稳定性。就服务器而言，对稳定的要求高过对性能的要求。即使服务器的性能一般，但可以提供稳定的服务，那么网络服务就是正常的，用户也会觉得是值得信赖的。

2) 符合需求。不同类型的服务，对硬件配置的要求往往也不同。例如，数据库服务器要求拥有较高的 CPU 处理能力和内存容量，但对硬盘空间没有太多的要求；Web 服务器要求拥有较大的内存，但对 CPU 处理能力和硬盘空间要求不多；FTP 服务器和文件服务器要求拥有较大的内存和磁盘空间，但对 CPU 处理能力没有太高的要求。因此，购置服务器时不是配置越高越好，而是应当针对不同类型的服务选择合理的硬件配置。

3) 最佳性价比。不要盲目购置最高配置的服务器，将太多的资金投在少数机器上。事实上，多购置几台配置一般的服务器，然后利用集群技术或负载均衡技术将它们组织在一起，往往能够取得更强的处理能力，并且整个服务系统也会更加稳定。只有类似数据库服务这样对处理性能要求非常高的服务器，才有必要选择高配置。

4) 知名品牌优先。知名品牌是依靠过硬的产品品质以及完善的售后服务体系取得的。为了保证服务器长时间稳定、安全地工作，品牌服务器在出厂前，都有一套严格的硬件与软件兼容性及稳定性测试。IBM、SUN、HP、DELL、联想、浪潮、曙光等，都是知名的服务器品牌，选购时应优先考虑这些品牌。

2. 网络服务与服务器选型

要使服务器性能得到充分发挥，应当清楚什么样的服务器需要什么样的特别配置。事实上，不同应用方向对服务器配置的要求是不同的，有的要重点考虑处理器、内存，有的则要重点考虑硬盘或网络的 I/O 吞吐能力。

(1) 文件服务器(FTP)和通信服务器(News/E-mail/VOD)　因为文件服务器主要用来进行读/写操作，所以需要有大容量的硬盘和内存，对 CPU 的处理能力则没有太高要求。一般情况下，单 CPU 或双 CPU 架构的服务器即可满足需要，硬盘一般采用磁盘阵列，以获得磁盘冗余和快速的硬盘的 I/O 吞吐速率。

(2) 数据库及应用服务器　对于数据库及应用服务器，用户在本地客户机上运行客户端应用程序，数据服务系统则在服务器端运行。客户通常发送"事务处理请求"，如订货单、数据库查询，而服务器则要及时处理这些请求，然后返回相应类型的结果。这里服务器就是数据的中心，它必须快速地处理各种请求，因此这类服务器需要具有强大的 CPU 处理能力，大容量的内存，同时需要有很好的 I/O 吞吐性能以及高速网络带宽。应当根据实际访问量的大小，采用双路 CPU、四路 CPU 甚至更多 CPU 架构，内存通常在 2GB 以上，硬盘容量不是很高，但访问速度必须快。

(3) Web 服务器及代理服务器　目前 Web 服务器大部分采用 ASP 脚本程序、Java 等服务端应用和 ISAPI 库来动态地生成 HTML 代码，或作为数据库中间件服务器。而代理服务器则是处于局域网与广域网之间，局域网与广域网之间的数据传输全部由它转发与控制，因此它需要向两端提供服务。二者均要求有大容量的内存，较高 CPU 的处理能力，对硬盘要求不高。

总之，当对 CPU 处理能力要求较高时，建议考虑选择双 CPU 或多 CPU 架构；当对硬盘容量要求较高时，建议考虑配置 RAID 阵列卡，甚至外接磁盘阵列；当对内存要求较高时，应当配置至少 2GB 的内存。

3. 网络规模与服务器选型

不同规模的网络，应当选择不同性能的服务器。一个基本原则就是，既要保证提供稳定高效的网络服务，又不要造成性能浪费，导致性能资源的闲置。

（1）小型网络　用户在 30 人以下的小型规模网络，建议采用入门级专用服务器。无论何种档次服务器，都是为全天候不间断运行而设计的，因此系统的稳定性非常好，可以保证服务器在长期运行过程中系统不会瘫痪。另外，其 I/O 吞吐能力、扩展能力、网络性能以及监控管理等，完全不同于普通的计算机。

当用户数量达到 50 人左右时，随着网络服务的丰富、访问量的增加和动态网站的搭建，也就需要配置较高的工作组级服务器来担当重任。与入门级服务器相比，工作组级服务器的 CPU 处理能力、可扩展能力和 I/O 能力更强大，运行也更稳定，适用于提供小型数据库服务和 Web、FTP 等各种基本的网络服务。

（2）中型网络　对于 100～200 用户的网络而言，随着网络服务的丰富，用户的访问量也会迅速增多，对服务器也就提出了更高的要求。如果采用性能较差的服务器，系统将由于不堪重负而瘫痪，或者因为处理能力有限而响应缓慢。因此，必须采用双 CPU 架构的部门级服务器，用于进行快速的数据处理，及时响应大量的并发访问。如果没有部门级服务器，也可以将两台甚至多台工作组级服务器制作为集群，从而极大地提高网络服务性能。

当用户数量达到 300 人时，随着访问压力的增加，更应当将每种网络服务分摊在不同的服务器上，并且根据网络服务的类型选择相当性能的服务器。对于一些访问量极大的网络服务（如数据查询、在线游戏），甚至还可以采用集群的方式成倍地提升服务的性能。另外，还可以借助 NAS 或 SAN，实现数据的集中高速存储，从而满足视频点播文件下载等网络服务的需求。

（3）大型网络　对于 500 以上用户的大型网络而言，除了需要将不同的网络服务分配到不同性能的部门级服务器和企业级服务器外，还必须为一些重点服务设置负载均衡和集群，一方面可以分担过于集中的网络请求，减缓每台服务器的压力，为客户的请求提供快速和可靠的响应；另一方面，可实现服务器的故障冗余，以确保在一台或几台服务器发生故障时，仍然能够不间断地提供网络服务。

当企业提供多种网络服务时，建议采用多台性能较低的服务器，而不是全部安装在一台性能较高的服务器上。这是因为：第一，由于是将网络服务分布在不同的服务器上，因此即使其中某一台系统瘫痪，也不会影响其他的网络服务，相反，如果仅仅使用一台服务器，那么系统瘫痪对企业网站的影响无疑将是致命的；第二，当多个网络服务器请求同时发生时，多台计算机同时处理各自的事件，显然要比在一台计算机执行多任务表现更好；第三，多台性能较差服务器的总造价，往往比一台性能强劲的服务器更低。因此，如果对服务器的处理能力没有较高的要求，还是将网络服务分散到多台服务器上更为稳妥、经济。

2.2 网络传输及存储设备

2.2.1 SCSI 接口总线

1. SCSI 概述

SCSI(小型计算机系统接口)是一种广泛应用于小型机上的高速数据传输技术。随着计算机技术的发展,现在它已经被完全移植到了 PC 服务器上了。

SCSI 接口总线由 SCSI 控制器和 SCSI 电缆及 SCSI 终结器组成,可以连接采用 SCSI 接口的硬盘驱动器、CD-ROM 驱动器、磁带驱动器、光盘刻录机以及扫描仪等,每条 SCSI 电缆所连接设备的最大数目可达 16 个。每个连接到电缆上的磁盘设备必须指定一个独立的 SCSI-ID 号(范围是 0~15),SCSI 总线控制器通过该 ID 直接操作设备。SCSI 磁盘分内置和外置两种,内置硬盘直接连接到 SCSI 电缆上,外置硬盘以菊花链的形态用端口到端口的 SCSI 电缆连接,如图 2-6 所示。

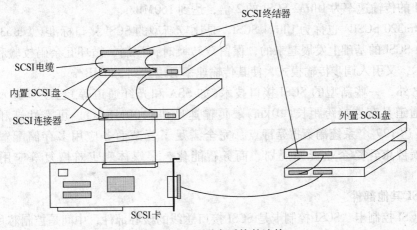

图 2-6 SCSI 磁盘系统的连接

与 IDE 串行结构接口相比,SCSI 接口具有并行存取访问、支持多 I/O 线程的迸发操作、CPU 占用率低以及热插拔等优点,直接表现为优异的多重任务特性和传输速率的稳定性,这意味着 CPU 有更多的时间处理其他任务请求。

SCSI 技术的发展速度非常惊人,由 SSA(SCSI 行业联合会)制定的第六代 Ultra 320 SCSI 标准传输速率达到 320MB/s,保留了 Ultra160 SCSI 的双转换时钟控制、循环冗余码校验和域名确认等三项关键技术,同时又增加了调步传输模式。

2. SCSI 分类

1) SCSI-1。这是最早定义的 SCSI 界面,当时最大的传输的速率仅为 4MB/s,具备 8bit Data Bus(数据传输通道)。目前 SCSI-1 已经被淘汰。

2) SCSI-2。也被称为 Fast-SCSI,它在 SCSI-1 的基础上做出了很大的改进,可靠性得到了加强,数据传输率被提高到了 10MB/s,仍旧使用 8 位的并行数据传输,还是最多 7 个设备。后来又进行了改进,推出了支持 16 位并行数据传输的 Wide-SCSI-2(宽带)和 Fast-Wide-SCSI-2(快速宽带),其中 Wide-SCSI-2 的数据传输率并没有提高,只是改用 16 位传输;而

29

Fast-Wide-SCSI-2 则是把数据传输率提高到了 20MB/s。目前还有不少 SCSI 的 CD-ROM、CD-R、CD-RW 还是使用 SCSI-2 界面。

3）Ultra-SCSI。也被称为 Fast-SCSI-2 或 SCSI-3，它在 SCSI-2 的架构下将总时钟频率再提高一倍，能达到在 8bit 数据总线宽度上的传输速率提升为 20MB/s，使用 16bit 数据总线时可以达到 40MB/s 的最快传输速率，因此也被称为 Ultra Wide-SCSI。有不少中档 SCSI 硬盘就采用 Ultra Wide-SCSI。一般传输速率为 20MB/s 的 SCSI-3 依然采用 50 针电缆，而 40MB/s 的 Ultra Wide-SCSI 多采用 68 针电缆。

4）Ultra2-SCSI。又称为 Fast 4，采用双通道技术，在 8 位数据总线宽度上传输速率就可以达到 40MB/s，而扩展到 16 位宽度则提供 80MB/s 的系统运行速度。而且采用了低电压差分(LVD)信号技术使数据线最长可达 12m 而数据传输信号不衰减，极大增加了设备的灵活性。

5）Ultra160 SCSI。也称为 Ultra3 SCSI，是一种比较成熟的 SCSI 接口标准，在 Ultra2 SC-SI 的基础上发展起来，采用了双转换时钟控制、循环冗余码校验和域名确认等新技术。采用 Ultra160 SCSI，实现起来简单容易，风险小。在增强了可靠性和易管理性的同时，Ultra160 SCSI 的传输速率为 Ultra2 SCSI 的 2 倍，达到 160MB/s。

6）Ultra320 SCSI。也称为 Ultra4 SCSI，是比较新型的 SCSI 接口标准。Ultra320 SCSI 是在 Ultra160 SCSI 的基础上发展起来的，保留双转换时钟控制、循环冗余码校验和域名确认等关键技术，又引入调步传输模式，使其传输速率可以达到 320MB/s。

除此之外，一些新型的 SCSI 接口技术(如 SSA 和光纤通道等)已逐步进入服务器市场。光纤通道具有连接跨距长(10km)、传输速度快(100MB/s)、可靠性高和伸缩性好(可连接多达 127 个系统单元)等特点，完全满足了复杂商务应用多存储配置或多系统集群的扩展要求，是企业资源规划、商务智能化、多媒体和灾难恢复等应用的理想解决方案。

3. SCSI 其他部件

（1）SCSI 控制卡   SCSI 控制卡是 SCSI 接口总线的核心部件，中间是控制芯片，具有内置和外接两个 SCSI 接口，如图 2-7 所示。

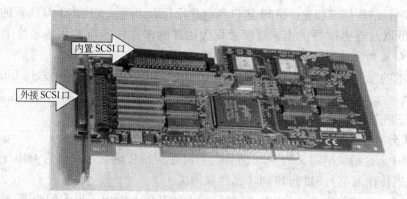

图 2-7   SCSI 控制卡

（2）SCSI 电缆及连接器   SCSI 连接器分为内置和外置两种，内置数据线的外形和 IDE 数据线一样，只是针数和规格稍有差别，分为 50 针、68 针和 80 针，如图 2-8 所示。

SCSI 外置数据线，其接口规格见表 2-1。

（3）SCSI 终结器　每一根 SCSI 电缆必须连接一个以上的终结器，终结器能告诉 SCSI 主控制器整条总线在何处终结，并发出一个反射信号给控制器。SCSI 规定 SCSI 链的最后一个 SCSI 设备要用终结器，中间设备不需要终结器，一旦中间设备使用了终结器，那么 SCSI 卡就无法找到以后的 SCSI 设备，如果最后一个没用终结器，SCSI 也无法正常工作。

图 2-8　68 芯 SCSI 内置电缆及 68 针连接器

表 2-1　外置 SCSI 接口规格

接 口 规 格	说　　明
13　　　　　　　1 25　　　　　　14	Apple SCSI：共有 25 针，分为两排，8 位，常用于 Mac 机和旧式 SUN 工作站
17　　　　　　　1 33　50　　　　34　18	Sun Microsystem 的 DD-50SA：共有 50 针，分为 3 排
25　　　　　　　1 50　　　　　　26	SCSI-2：共有 50 针，分为 2 排，8 位
25　　　　　　　1 50　　　　　　26	Centronics：共有 50 针，分为 2 排，8 位，有点像并行口，它可以连接的设备数目最多
34　　　　　　　1 68　　　　　　35	SCSI-3 和 Wide SCSI-2：共有 68 针，分为 2 排，16 位，旧式 DEC 单终结 SCSI 使用 68 针高密接口
Pin 2　Pin 1 Pin 80	SCA：共有 80 针，分为 2 排

终结器的作用是衰减通过电缆传输的信号，以便该信号不会反射或"往返振荡"。目前，绝大部分 SCSI 设备内置终结器，并用一跳线控制 ON/OFF。

终结的方式有 3 种：自终结设备、物理总线终结器和自终结电缆。按是否有电源供应终结器又分为两种：无源终结器和有源终结器。如图 2-9 所示是一个 SCSI 终结器。

4. SCSI 控制卡产品

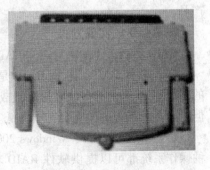

图 2-9　SCSI 终结器

以品牌而言，市场上 Adaptec、TEMRAM（建邦）、Iwill（艾威）、LSI（逻辑）四大品牌在服务器磁盘 SCSI 市场具有相当的份额，也是市场上最常见的产品。

Adaptec 是世界 SCSI 标准的领导者，产品有相当的权威性，它的 2940 系列在中高档市场十分流行。它的产品包括 AHA-1520、SCSI CARD 2920、SCSI CARD 2930 Ultra、AHAS-2940 Ultra Wide、SCSI CARD 2940 U2W、SCSI CARD 3950U2 等型号，而且还在不断推出新产品。

TEKRAM 的 SCSI 产品在零售市场上也具有相当的知名度，主要由 DC390、DC390U、DC390F 组成的 DC390 系列，这 3 款产品分别针对不同的应用层次。

Iwill 是台湾一家主攻高档计算机板卡的厂商，其主板性能稳定，集成有 SCSI 的主板在同类产品中具有较高的性价比。同样它的 SCSI 卡也做工精细，价格低于一些国际名牌产品。

LSI（逻辑）公司主要致力于应用于存储、消费类电子和通信产品的半导体的研发和制造，积极参与创建、发布世界第一个 SCSI 芯片，随后率先上市 SAS 产品（Serial Attached SC-SI, 串行 SCSI），在行业中领先应用 4Gb/s 光纤通道存储阵列。它的 SCSI 产品相当具有竞争力。

2.2.2　独立磁盘冗余阵列

1. 独立磁盘冗余阵列（RAID）概述

由于硬盘的存取远低于 CPU 的处理速度，无法及时响应网络用户的并发访问，从而成为影响 I/O 能力的瓶颈。同时，单块硬盘的容量毕竟有限，根本无法满足网络海量的数据存储的需求。因此，1987 年美国加利福尼亚大学伯克利分校的 David. A. Pattorson 教授等人提出了独立磁盘冗余阵列（RAID）的概念，其技术思想是：把多个磁盘按一定的方法组成一个磁盘阵列，通过一些硬件技术和一系列的调度算法，由多个磁盘驱动器构成一个逻辑单元，使整个磁盘阵列对用户来说，就像在使用一个容量很大、可靠性和速度非常高的大型磁盘。

RAID 具有以下优点：

1）功耗小，传输速率高。

2）存储容量大。

3）具有容错功能。

4）扩展容易。

RAID 现在主要应用在服务器，但就像任何高端技术一样，RAID 也在向 PC 上转移。2006 年很多公司就推出了定位在入门级服务器、PC 工作站或高档 PC 层次的 IDE-RAID 产品。

2. RAID 的实现方式

RAID 有软件 RAID 与硬件 RAID 两种实现方式。

（1）软件 RAID　软件 RAID 是指通过网络操作系统自身提供的磁盘管理功能，将连接的普通 SCSI 卡上的多块硬盘配置成逻辑盘，组成阵列。软件 RAID 可以提供数据冗余功能，但是磁盘子系统的性能会有所降低。

目前 Windows NT、Windows 2000 Server、Windows Server 2003 和 Novell 的 NetWare 等几种操作系统都可以提供软件 RAID 功能，其中 Windows NT、Windows 2000 Server、Windows Server 2003 可以提供 RAID-0、RAID-1、RAID-5，NetWare 操作系统可以实现 RAID-1 功能。

软件 RAID 的优点是成本非常低，配置简单方便，容易使用。但它的缺点也十分明显，即降低了磁盘性能，服务器需要额外提供 CPU 和内存资源提供给磁盘管理工具使用，服务器的整体性能就会下降约 20%~30%；不能提供在线扩容、动态修改阵列级别、自动数据恢复等许多功能。换句话说，软件 RAID 是在用性能换安全。

（2）硬件 RAID　硬件 RAID 是使用专门的磁盘阵列卡来实现的。现在的非入门级服务器几乎都提供磁盘阵列卡，不管是集成在主板上或非集成的都能轻松实现磁盘阵列功能。硬件 RAID 能够提供在线扩容、动态修改阵列级别、自动数据恢复、驱动器漫游、超高速缓冲等功能，它能提供高性能、数据保护、可靠性、可用性和可管理性的解决方案。

磁盘阵列卡拥有一个专门的处理器，一般是 Intel 的 I960 芯片，还拥有专门的存贮器，用于高速缓冲数据。这样一来，服务器对磁盘的操作就直接通过磁盘阵列卡来进行处理，因此不需要大量的 CPU 及系统内存资源，不会降低磁盘子系统的性能。阵列卡专用的处理单元进行操作，它的性能要远远高于常规非阵列硬盘，并且更安全更稳定。

硬件 RAID 实现分为两种：一种是内置（或集成）RAID 控制器，一种是外置 RAID 控制器。内置 RAID 控制器通常是以常用的卡件形式插接在计算机主板上，外置 RAID 控制器包括从控制器到硬盘等一套设备。

3. RAID 的分级

RAID 级别是指磁盘阵列中硬盘的组合方式，RAID 级别不同，硬盘组合的方式也就不同，为用户提供的磁盘阵列在性能上和安全性的表现上也有不同。1987 年，由加州大学伯克利分校发表的 RAID 白皮书，根据 RAID 的结构、要求及数据处理特点，定义了 6 个级别，分别是 RAID LEVEL 0 至 RAID LEVEL 5（简称 RAID-0 至 RAID-5），之后又派生出了 RAID-10（RAID-1 + RAID-0）、RAID-30 和 RAID-50 等级别，而且有些公司还在提出新的 RAID 标准。下面对常用的 RAID 级别进行简要介绍。

1）RAID-0。存储在 RAID-0 中的数据只是采用了条块（Striping）算法，在阵列中的硬盘之间并行读/写数据，数据块被交替写到磁盘中，第 1 段被写到磁盘 1 中，第 2 段被写到磁盘 2 中，依此类推。因此其具有很高的数据传输率，但它没有数据冗余，并不能算是真正的 RAID 结构。RAID-0 只是单纯地提高性能，并没有为数据的可靠性提供保证，而且其中的一个磁盘失效将影响到所有数据。因此，RAID-0 不能应用于数据安全性要求高的场合。

2）RAID-1。通过磁盘数据镜像实现数据冗余，在成对的独立磁盘上产生互为备份的数据。当原始数据繁忙时，可直接从镜像拷贝中读取数据，因此 RAID-1 可以提高读取性能。RAID-1 是磁盘阵列中单位成本最高的，但提供了很高的数据安全性和可用性。当一个磁盘失效时，系统可以自动切换到镜像磁盘上读写，而不需要重组失效的数据。从一定意义上说，RAID-1 只有 50% 的硬盘容量是可用的，在各 RAID 模式中也是最低的。

3）RAID-3。利用专门奇偶校验实现的以字节为单位的条块技术，换句话说，就是应用条块技术将数据分布到阵列的各个磁盘上，同时用专门的一块硬盘存储用于校验的冗余信息。这种形式的优点是既通过条块技术提高了性能，又利用专门奇偶校验驱动器容纳冗余信息，以保证数据的安全。一般至少需要三块硬盘，两块用于数据条块，一块专门用于奇偶校验。一般需要硬件 RAID 控制器实现，软件 RAID 几乎没有什么实际意义。RAID-3 因为数据条块容量小，所以适于经常处理大文件的应用。

4）RAID-5。RAID-5 是目前应用最广泛的 RAID 技术。各块独立硬盘进行条带化分割，相同的条带区进行奇偶校验（异或运算），校验数据平均分布在每块硬盘上。以 n 块硬盘构建的 RAID-5 阵列可以有 n – 1 块硬盘的容量，存储空间利用率非常高。任何一块硬盘上的数据丢失，均可以通过校验数据推算出来。它和 RAID-3 最大的区别在于校验数据是否平均分布到各块硬盘上。RAID-5 具有数据安全、读写速度快，空间利用率高等优点，应用非常广泛，但不足之处是如果 1 块硬盘出现故障以后，整个系统的性能将大大降低。

5）RAID-10。即 RAID-0 + RAID-1。正如其如名字一样，综合了 RAID-0 和 RAID-1 的特点，独立磁盘配置成 RAID-0，两套完整的 RAID-0 互相镜像。它的读写性能出色，安全性高，但构建阵列的成本投入大，数据空间利用率低。RAID-10 的特点使其特别适用于既有大量数据需要存取，同时又对数据安全要求严格的领域，如银行、金融、商业超市、仓储库房和各种档案管理等。

6）RAID-30。也称为专用奇偶阵列的条块化，是 RAID-0 和 RAID-3 的组合形式。数据在磁盘上被称为条块，就像 RAID-0 一样；使用专用的奇偶性磁盘，就像 RAID-3 一样。RAID-30 具有高容错能力，并支持大容量规格。RAID-30 与 RAID-10 一样具有高可靠性，因为即使两个物理硬盘驱动器（每个阵列一个）发生故障，数据仍可用。RAID-30 至少需要 6 个驱动器。

7）RAID-50。也称为分布式奇偶性阵列的条块化。数据在磁盘上被分为条块，就像 RAID-0 一样；使用分布式的奇偶性磁盘，就像 RAID-5 一样。RAID-50 可提供数据的可靠性，具有良好的总体性能，并支持大容量规格。与 RAID-10 和 RAID-30 一样，即使 RAID-50 的两个物理磁盘驱动器（每个阵列一个）发生故障，也不会丢失任何数据。RAID-50 至少需要 6 个驱动器。

8）RAID-5E。它是由 IBM 公司提出的一种私有 RAID 级别，没有成为国际标准。它是从 RAID-5 的基础上发展而来的，与 RAID-5 不同的地方是将数据校验信息平均分布在每一个磁盘中，并且每个磁盘都要预留一定的空间，这部分空间没有进行条带化。当一个磁盘出现故障时，这个磁盘上的数据将被压缩到其他磁盘预留没有条带化的空间内，达到数据保护的作用，而这时候的 RAID 级别则从 RAID-5E 转换成了 RAID-5，继续保护磁盘数据。RAID-5E 允许两个磁盘出错，最少也需要 4 个磁盘才能实现 RAID-5E。

9）RAID-7。这是一种新的 RAID 标准，其自身带有智能化实时操作系统和用于存储管理的软件工具，可完全独立于主机运行，不占用主机 CPU 资源。RAID-7 可以看作是一种存储计算机（Storage Computer），它与其他 RAID 标准有明显区别。除了以上的各种标准，可以如 RAID-0 + RAID-1 那样结合多种 RAID 规范来构筑所需的 RAID 阵列，例如 RAID-5 + RAID-3（RAID-53）就是一种应用较为广泛的阵列形式。用户一般可以通过灵活配置磁盘阵列来获得更加符合其要求的磁盘存储系统。

4. 如何为服务器选定 RAID 级别

有 3 个因素影响对 RAID 级别的选择：可用性（数据冗余）、性能和成本。如果不需要可用性，那么 RAID-0 将带来最佳性能；如果可用性和性能很重要而价格并不重要，可选择 RAID-1 或 RAID-10（视磁盘数而定）；如果价格、可用性和性能同样重要，那么选择 RAID-3、RAID-30、RAID-50 或 RAID-5（视数据传输类型和磁盘驱动器数目而定）。

图 2-10 的流程图提供了选择 RAID 级别的一些指导原则。使用这些原则可能帮助选择需要的 RAID 级别。

需要注意的是，应用程序的某些特性也会对使用不同的 RAID 级别产生影响。为便于进一步了解 RAID 级别的特性，请参阅表 2-2 中的对比说明。

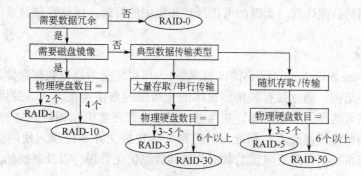

图 2-10　RAID 级别选定指导原则

表 2-2　RAID 级特征

RAID 级	RAID-0	RAID-1	RAID-3	RAID-5	RAID-10	RAID-30	RAID-50
别名	条块	镜像	专用奇偶位条块	分布奇偶位条块	镜像阵列条块	专用奇偶阵列条块	分布奇偶阵列条块
容错性	没有	有	有	有	有	有	有
冗余类型	没有	复制	奇偶位	奇偶位	复制	奇偶位	奇偶位
热备盘选项	没有	有	有	有	有	有	有
需要的磁盘数	1 个或更多	只需 2 个	3 个或更多	3 个或更多	只需 4 个	6，8，10，12，12，16	6，8，10，12，12，16
可用容量	总的磁盘容量	只能用磁盘容量的 50%	$(n-1)/n$ 的磁盘容量，其中 n 为磁盘数	$(n-1)/n$ 的磁盘容量，其中 n 为磁盘数	只能用磁盘容量的 50%	$(n-2)/2$ 的磁盘容量，其中 n 为磁盘数	$(n-2)/n$ 的磁盘容量，其中 n 为磁盘数

2.2.3　网络存储系统

1. 概述

随着计算机技术和通信技术的不断发展和融合，计算机网络的应用也越来越普及。网络已逐渐成为主要的信息处理模式，需要存储的数据量大大增加，数据作为企业的生命和核心竞争力的重要性也在不断增加。传统的存储模式已经不能满足要求，由此人们提出了网络存储技术的概念。

DAS(Direct Attached Storage，直接附加存储)，也可称为 SAS(Server Attached Storage，服务器附加存储)，被定义为直接连接在各种服务器或客户端扩展接口卡的数据存储设备。它完全以服务器为中心，寄生在相应服务器或客户端上，其本身是硬件的组成部分。其文件系统取决于其宿主服务器安装的操作系统，并且只能通过宿主服务器系统来访问。DAS 是一种传统的也是目前最常见的网络存储设备形态，这种存储模式有诸多弊病：首先，其不具有共享性，每一个客户类型都需要一个专有服务器，对存储管理提出了很大的挑站；其次，存储容量需要增加时，很难扩容；最后，当服务器发生故障时，数据难以获取。

网络存取技术将文件资料存储在网络服务器上，用户只需连接到网络或 Internet，即可根据权限读取或存储文件资料。网络存储具有支持各种文件系统、平台、连接和存储架构的能力，提供通用的数据访问、无缝的可扩展性和集中的管理。网络存储技术的代表产品包括 SAN 和 NAS。

2. SAN 技术

SAN 即 Storage Area Network（存储区域网络），可以定义为是以数据存储为中心，采用可伸缩的网络拓扑结构，通过具有高传输速率的光通道的直接连接方式，提供 SAN 内部任意节点之间的多路可选择的数据交换，并且将数据存储管理集中在相对独立的存储区域网内。在多种光通道传输协议逐渐走向标准化并且跨平台集群文件系统投入使用后，SAN 最终将实现在多种操作系统下，最大限度的数据共享和数据优化管理，以及系统的无缝扩充。

SAN 具有如下特点：

1）SAN 具有无限的扩展能力。由于 SAN 采用了网络结构，服务器可以访问存储网络上的任何一个存储设备，因此用户可以自由增加磁盘阵列、磁带库和服务器等设备，使得整个系统的存储空间和处理能力可以按客户需求不断扩大。

2）SAN 具有更高的连接速度处理能力。SAN 采用了为大规模数据传输而专门设计的光纤通道技术。SAN 架构的产品性能出色，但成本很高，目前基本是大企业的选择。

3）SAN 各个客户端的存储空间是分离的，通过光纤实现连接，许多设备价格高昂，因此 SAN 实现需要相当高的费用。

4）网络维护的费用比较高。

SAN 对于以下应用来说是理想的选择：

1）关键任务数据库应用。其中可预计的响应时间、可用性和可扩展性是基本要素。

2）集中的存储备份。其中性能、数据一致性和可靠性可以确保企业关键数据的安全。

3）高可用性和故障切换环境。可以确保更低的成本、更高的应用水平。

4）可扩展的存储虚拟化。可使存储与直接主机连接相分离，并确保动态存储分区。

5）改进的灾难容错特性，在主机服务器及其连接设备之间提供光纤通道高性能和扩展的距离（达到 150km）。

3. NAS 技术

网络附加存储（NAS）系统一般由存储设备、操作系统以及文件系统等几部分组成。它将存储设备直接连到现有的 IP 网/以太网上，可以提供大带宽文件数据的服务。NAS 尤其适用于文件系统和 Web 服务系统的存储和共享优化存储，可以有效地管理多用户、多应用的单一数据的共享。NAS 系统的核心部分是一个专用的"瘦"服务器，用来存储客户端的数据流量以及管理存储。这种"瘦"服务器技术可以在大范围的网络上使用，并可以实现集中管理。NAS 依靠 LAN 和 WAN 连接标准，使用 IP、以太网以及网络文件系统（NFS）和公共互联网文件系统（CIDS）等技术，降低了操作和开发的难度。同时，NAS 支持多通信协议，可以在 UNIX 和 Windows 客户机上使用，实现异种机的存储访问。

NAS 具有以下优点：

1）NAS 是真正的即插即用产品，NAS 设备支持多计算机平台，通过网络支持协议可以进入相同的文档。

2）NAS 放置位置灵活，无须应用服务器干预，NAS 设备允许在网络上存取数据，这样可以减少服务器的负荷，也能显著改善网络的性能。

3）简易服务器本身不会崩溃，因为它避免了引起服务器崩溃的首要原因，保证需要系统的安全性和可靠性。

4）采用一个面向用户设计的、专门用于数据存储的简体操作系统，内置了与网络连接所需的协议，使整个系统的管理和设置较为简单。

NAS 同时也存在许多缺点，限制了它在大型数据处理上的应用，具体如下：

1）单一连接网络容易单点失败，一旦出错，系统将无法访问数据。

2）扩张性能方面，NAS 不保证业务持续，添加新磁盘将引起业务中断。

3）NAS 是提供文件级的访问，经过 TCP/IP 打包才能传输数据，打包解包影响传输速度。

4）NAS 的备份和恢复相当困难，备份时间依数据量而定，容易使网络饱和。

4. SAN 与 NAS 的比较

SAN 与 NAS 都是为适应高性能和密集的网络存储要求而在 DAS 的基础上发展起来的，是新型数据存储模式中的两个主要发展方向。图 2-11 给出了 DAS、SAN 与 NAS 存储结构在网络中的位置的直观示意图。

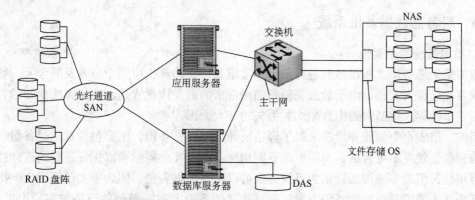

图 2-11　DAS、SAN 与 NAS 存储结构在网络中的位置

由图 2-11 能够清晰地看到，NAS 是在 RAID 的基础上增加了文件存储操作系统，其 RAID 是一个整体，各种平台的用户可直接访问 NAS。而 SAN 是独立出的一个数据存储网络，其 RAID 分割情况要视操作系统种类多少而定，整体网络内部的数据传输率很快，但操作系统仍停留在服务器端，用户不能直接访问 SAN 的网络，因此这就造成 SAN 在异构环境下不能实现文件共享。NAS 与 SAN 的数据存储形态，如图 2-12 所示。

从图 2-12 中不难看出，SAN 只能由一种操作系统平台独享数据存储设备，而 NAS 是共

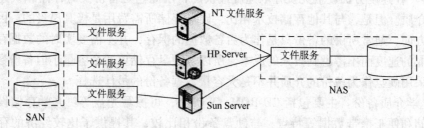

图 2-12　NAS 与 SAN 的数据存储形态

享与独立兼顾的数据存储结构。因此，NAS 与 SAN 的关系也可以表述为：NAS 是网络接入，而 SAN 是通道接入。

5. iSCSI 技术

iSCSI 技术是一种由 IBM 公司研究开发的、供硬件设备使用的可以在 IP 的上层运行的 SCSI 指令集。这种指令集合可以实现在 IP 网络上运行 SCSI 协议，使其能够在诸如高速千兆以太网上进行路由选择。iSCSI 技术是一种新存储技术，该技术是将现有 SCSI 接口与以太网络(Ethernet)技术结合，使服务器可与使用 IP 网络的储存装置互相交换资料。此技术不但价格较目前使用的业界技术标准 Fibre Channel 低廉，而且系统管理人员也可以用相同的设备来管理所有的网络，并不需要以另外的设备来进行网络的管理。

SAN 实现成本过高，一般的企业难以承受；NAS 虽然成本低廉，但是却受到带宽消耗的限制，无法完成大容量存储的应用，而且系统难以满足开放性的要求。iSCSI 技术基于 IP，却拥有 SAN 大容量集中开放式存储的品质，而且实现了 SCSI 和 TCP/IP 的连接，对于以局域网为网络环境的用户，只需要不多的投资，就可以方便、快捷地对信息和数据进行交互式传输和管理，同时解决了开放性、容量、传输速度、兼容性、安全性等问题，其优越的性能使其自发布之始便受到市场的关注与青睐。

2.2.4 服务器数据备份系统

1. 数据备份的必要性

数据是无形资产，所以对其进行备份非常重要。在计算机应用十分普及的今天，数据备份的重要性已深入人心。由于数据备份问题而带来的损失比比皆是，比如无法预知的自然灾害、突发事件等，就经常成为数据永久丢失的一大原因。

目前，很多企业的服务器都采取了容错设计，即硬件备份，主要包括双机热备份、磁盘阵列与磁盘镜像。不可否认，与简单的复制相比，系统冗余固然可以保证进程的连续性和系统高可用性，但却不能因此就认为系统冗余可以代替数据备份。因为事实已经不止一次地证明，系统冗余并不是很好的备份方案，而且这样的备份方案一般硬件设备放在一个机房内，或一个大厦内，无法预防许多自然灾害，例如洪水、火灾、建筑物坍塌等。

对网络来说，最合理有效的备份是使用专业大容量的备份设备对整个网络系统进行备份。这样，无论系统遭到何种程度的破坏，都可以很方便地将原来的系统恢复。

2. 网络数据备份介质

在这里所讲的数据备份按照设备所用存储介质的不同，主要分为下面 3 种形式：

1）硬盘介质存储。主要包括两种存储技术，即内部的磁盘机制(硬盘)和外部系统(磁盘阵列等)。在速度方面硬盘无疑存取速度最快的，因此它是备份实时存储和快速读取数据最理想的介质。但是，与其他存储技术相比，硬盘存储所需费用是极其昂贵的。因此大容量数据备份方面，通常所讲的备份只是作为后备数据的保存，并不需要实时的数据存储，不能只考虑存取的速度而不考虑到投入的成本。所以，硬盘存储更适合容量小但备份数据需读取的系统。采用硬盘作为备份的介质并不是大容量数据备份的最佳选择。

2）光学介质备份。主要包括 CD-ROM、WORM，可擦写光盘等。光学存储设备具有可持久地存储和便于携带数据等特点，与硬盘备份相比较，其提供了比较经济的存储解决方案。但是它们的访问时间比硬盘要长 2 到 6 倍(访问速度受光头重量的影响)，并且容量相对较小，备份大容量数据时，所需数量极大，虽保存的持久性较长，但相对整体可靠性要低，所以光学介质的存储适合于数据的永久性归档和小容量数据的备份。采用光学材料作为备份也并不是大容量数据备份的最佳选择。

3）磁带存储技术。磁带存储技术是一种安全、可靠、易使用和相对投资较小的备份方式。磁带和光碟一样是易于转移的，但单体容量却是光碟成百上千倍，在绝大多数的系统下都可以使用，也允许用户在无人干涉的情况下进行备份与管理。磁带备份的容量要设计得与系统容量相匹配，自动加载磁带机设备对于扩大容量和实现磁带转换是非常有效的。在磁带读取速度没有快到像光盘和硬盘一样时，它可以在相对比较短的时间内（典型的情况是在夜间自动备份）备份大容量的数据，并可十分简单的对原有系统进行恢复。磁带备份包括硬件介质和软件管理，目前它是用电子方法存储大容量数据最经济的方法。磁带系统提供了广泛的备份方案，并且它允许备份系统按用户数据的增长而随时地扩容，因此，它是备份大量后台非实时处理的数据的最佳方案。

3. 磁带机备份的主要技术

今天，很多用户的困惑是不知从众多的磁带技术中选择哪一种。现在，就从一个用户的角度看哪种备份技术领先，并且根据不同用户的需要选择最合适的技术。下面主要介绍几种流行的技术供读者参考。

（1）DAT(Digital Audio Tape)技术　DAT 技术又可以称为数字音频磁带技术，最初是由惠普(HP)公司与索尼(SONY)公司共同开发出来的。这种技术以螺旋扫描记录为基础，将数据转化为数字后再存储下来。早期的 DAT 技术主要应用于声音的记录，后来随着这种技术的不断完善，又被应用在数据存储领域里。DAT 技术主要应用于用户系统或局域网，并提供非常合理的价位和质量的数据保护。IDC 估计，1995 年 DAT 出货量的 70% 用于网络和多用户系统，29% 用于高性能 PC。1995 年 DAT 出货量增加了 45%，达到 120 万台。

在信息存储领域里，DAT 一直是被极为广泛应用的技术，而且种种迹象表明，DAT 的这种优势还将继续保持下去。这种技术之所以受欢迎的原因在于它具有很高的性能价格比，以惠普 DAT 技术为例：首先，在性能方面，这种技术生产出的磁带机平均无故障工作时间长达 20000 小时（新产品已达到 300000 小时），在可靠性方面，它所具有的即写即读功能能在数据被写入之后马上进行检测，这不仅确保了数据的可靠性，而且还节省了大量时间；第二，这种技术的磁带机种类繁多，能够满足绝大部分网络系统备份的需要；第三，这种技术所具有的硬件数据硬件压缩功能可大大加快备份速度，而且压缩后的数据安全性更高；第四，由于这种技术在全世界都被广泛应用，所以在全世界都可以得到这种技术产品的持续供货和良好的售后服务；第五，DAT 技术产品的价格格外吸引人，这种价格上的优势不仅在磁带机上，在磁带上也得到充分体现。

（2）DLT(Digital Linear Tape)技术　DLT 又可称数码线型磁带技术，最早于 1985 年由 DEC 公司开发，主要应用于 VAX 系统。尽管这种技术性能出众，但是由于价格昂贵，在 1993 年时销售量降到最低点。但后来随着高档服务器的容量超过了其他磁带机所能提供的容量，DLT 又重新成为信息存储领域里的热门话题。

DLT 技术采用单轴 1/2in 磁带仓，以纵向曲线性记录法为基础。DLT 产品定位于中、高级的服务器市场和磁带库应用系统，目前 DLT 驱动器的容量从 10GB 到 35GB 不等，数据传送速度相应由 1.25MB/s 至 5MB/s。

（3）LTO（Linear Tape Open）技术　LTO 即线性磁带开放协议，是由 HP、IBM、Seagate 这三家厂商在 1997 年 11 月联合制定，其结合了线性多通道、双向磁带格式的优点，基于服务系统、硬件数据压缩、优化的磁道面和高效率纠错技术，来提高磁带的能力和性能。

LTO 技术是一种开放格式的技术，上述三家厂商将生产许可开放给存储介质、磁带机的生产商，使不同厂商的产品能更好地进行兼容，这意味着用户将拥有多项产品和介质。开放性还带来更多的发明创新，使产品的价格下降，用户受益。同时，LTO 还特别规定，由第三方进行每年一次的兼容测试，以确保产品的延续性更好。对于这个最新的磁带存储技术，还有分析家认为"LTO 在现有技术之上，把使用新技术的风险降到最小，它是技术进化，而不是技术革新，从而减少了使用新技术的风险。"

4. 网络数据备份方案

要做到灾难恢复，首先在备份系统时要做到满足系统容量不断增加的需求，并且备份软件必须能支持多平台系统。当网络连接其他的应用服务器时，对于网络存储管理系统来说，只需安装支持这种服务器客户端的软件，即可将数据备份到磁带库或光盘库中。其次，网络数据存储管理系统是指在分布式网络环境下，通过专业的数据存储管理软件，结合相应的硬件和存储设备，对全网络的数据备份进行集中管理，从而实现自动化的备份、文件归档、数据分级存储以及灾难恢复等。为在整个网络系统内实现全自动的数据存储管理，备份服务器、备份分级存储以及智能存储设备的有机结合是这一目标实现的基础。

网络数据存储管理系统的工作原理是在网络上选择一台应用服务器（当然也可以在网络中另配一台服务器作为专用的备份服务器）作为网络数据存储管理服务器，安装网络数据存储管理服务器端软件作为整个网络的备份服务器。在备份服务器上连接一台大容量存储设备（磁带机或磁带库），在网络中其他需要进行数据备份管理的服务器上安装备份客户端软件，通过局域网将数据集中备份管理到备份服务器连接的存储设备上。网络数据存储管理系统的核心是备份管理软件，通过备份软件的计划功能，可为整个企业建立一个完善的备份计划及策略，并可借助备份时的呼叫功能，让所有的服务器备份都能在同一时间进行。备份软件也提供了完善的灾难恢复手段，能够将备份硬件的优良特性完全发挥出来，使备份和灾难恢复时间大大缩短，实现网络数据备份的全自动智能化管理。

要谈到灾难恢复，先决条件是要作好备份策略及恢复计划。日常备份制度描述了每天的备份以什么方式、使用什么备份介质进行，是系统备份方案的具体实施细则。在制订完毕后，应严格按照制度进行日常备份，否则将无法达到备份方案的目标。数据备份有多种方式，这里以磁带机为例，简单描述一下完全备份、增量备份、差分备份的区别和应用。

（1）完全备份　所谓完全备份，就是每隔一段时间用一盘磁带对整个系统进行全面备份，包括系统和数据。这种备份方式的好处是直观，容易被人理解。而且当发生数据丢失的灾难时，只要用一盘磁带（即灾难发生之前一天的备份磁带），就可以恢复丢失的数据。然而它也有不足之处：首先，由于每天都对系统进行完全备份，因此在备份数据中有大量是重复的，例如操作系统与应用程序，这些重复的数据占用了大量的磁带空间，对用户来说就意味着增加成本；其次，由于需要备份的数据量相当大，因此备份所需时间较长对于那些业务繁忙，备份窗口时间有限的单位来说，选择这种备份策略无疑是不明智的。

（2）增量备份　先做一次完全备份，然后每隔一段时间只是备份上一次备份后增加的和修改过的数据。这种备份的优点很明显：没有重复的备份数据，既节省磁带空间，又缩短了备份时间。但它的缺点在于当发生灾难时，恢复数据比较麻烦。举例来说，如果系统在星期一进行了完全备份，而在星期四的早晨发生故障，丢失大批数据，那么现在就需要将系统恢复到星期三晚上的状态。这时管理员需要首先找出星期一的那盘完全备份磁带进行系统恢复，再找出星期二的磁带来恢复星期二的数据，然后再找出星期三的磁带来恢复星期三的数据，显然这比第一种策略要麻烦得多。另外这种备份可靠性也差，在这种备份下，各磁带间的关系就像链一样，一环套一环，其中任何一盘磁带出了问题都会导致整条链子脱节。

（3）差分备份　就是每次备份的数据为相对于上一次完全备份之后新增加的和修改过的数据。管理员先在星期一进行一次系统完全备份；然后在接下来的几天里，再将当天所有与星期一不同的数据（新或经改动的）备份到磁带上。增量备份是备份当天更改的数据，而差分备份则是备份从上次进行完全备份后更改的全部数据。

举例来说，星期一网络管理员按惯例进行系统完全备份；在星期二，假设系统内只多了一个资产清单，于是管理员只需将这份资产清单一并备份下来即可；在星期三，系统内又多了一份产品目录，于是管理员不仅要将这份目录，还要连同星期二的那份资产清单一并备份下来；如果在星期四系统内又多了一张工资表，那么星期四需要备份的内容就是工资表＋产品目录＋资产清单。

由此可以看出，完全备份所需时间最长，但恢复时间最短，操作最方便，当系统中数据量不大时，采用完全备份最可靠。差分备份在避免了另外两种策略缺陷的同时，又具有了它们的所有优点。首先，它无需每天都做系统完全备份，因此备份所需时间短，并节省磁带空间；其次，它的灾难恢复也很方便，系统管理员只需两盘磁带，即星期一的磁带与发生灾难前一天的磁带，就可以将系统完全恢复。因此在备份时要根据它们各自的特点灵活使用。

灾难恢复措施在整个备份制度中占有相当重要的地位。因为它关系到系统、软件与数据在经历灾难后能否迅速恢复如初。全盘恢复一般应用在服务器发生意外灾难导致数据全部丢失、系统崩溃或是有计划的系统升级、系统重组等，也称为系统恢复。随着备份设备应用技术的高速发展，惠普已于1999年5月推出了拥有单键恢复功能的磁带机，只需先用系统盘引导机器启动，将磁带插入磁带机，按动一个按键即可将整个系统恢复如初。如此的简便，哪怕只是一个略懂计算机的人也可以轻而易举地做到。可以看出，类似一键恢复的技术将成为今后备份技术的主流。

小结

网络资源设备是计算机网络当中重要的资源，而且是网络当中的物质基础，对网络响应具有很大影响。在网络中重要的资源包括服务器系统和网络存储系统。

作为最重要的网络资源设备，服务器先后经历了文件服务器、数据库服务器、Internet/Intranet通用服务器和专用应用服务器等几种角色的演变。而且随着计算机硬件技术不断发展，服务器已经有很大进步，从功能、性能及其他方面都有很大进步。介绍了服务器的分类，而且服务器功能与之有很大关系。网络服务器所采用技术已经有很大变革，又有许多新技术、新工艺添加进来，读者对已经存在的旧的技术掌握的同时，应更好掌握这些新技术的特点和优点，这样才能根据企业的需求配置出符合企业要求的服务器。在配置服务器时，要掌握配置服务器几个要点，如CPU、内存情况、硬盘容量等。要对目前比较流行的不同档次服务器有一个基本了解，掌握生产厂家新动态。

　　网络存储系统是服务器一个重要指标，读者应当掌握磁盘系统基本技术和一些基本指标，掌握它们的特性，为客户配置出相应的存储系统。

［复习题］

1. 服务器是如何分类的？
2. 在服务器中所使用的相关技术有哪些？
3. 服务器配置要点是什么？
4. 如何为用户选购一款适合的服务器？
5. 何为 RISC？
6. 目前，世界范围内生产服务器的主要厂家有哪些？
7. 什么是 RAID？
8. RAID 分为几个级别，常用的是哪几个？
9. 如何为用户选购适合的网络备份系统？

第3章 广域网技术

广域网，简称 WAN，是一种跨越大、地域性广的计算机网络集合，其覆盖范围通常跨越省、市，甚至一个国家。广域网包括大大小小不同的子网，子网可以是局域网，也可以是小型的广域网。因此可以说广域网是相对的，不是绝对的。

广域网设计所考虑的问题与局域网具有很大的不同，首先是信号传输所采用的技术与局域网不同，其次是在广域网内部的异构局域网络互连问题，第三是广域网中计算机寻址问题。

总体来说，在技术上广域网要考虑的问题比局域网要复杂得多，但对于网络工程人员来说，不见得困难很大，因为有很多现成的设备可以使用。

3.1 广域网的连接方式

广域网的连接方式指的是信号在各局域网络之间的数据传输方式，但它不包括各局域网内部之间的数据传输方式。如在图 3-1 中，广域网的通信方式指的是设备 A 与 B 之间的通信方式，而不包括计算机 1 与计算机 2 之间的通信方式。事实上，设备 A 与设备 B 之间的通信方式与计算机 1 与计算机 2 之间的通信方式是完全不一样的。在广域网中常用的通信方式有模拟连接、数字连接、分组交换连接。

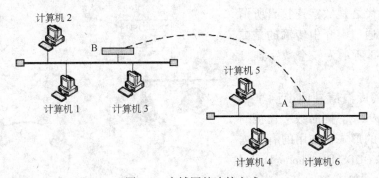

图 3-1　广域网的连接方式

1. 模拟连接

所谓模拟连接，是指与广域网连接时所采用的信号是模拟信号。在模拟连接中，有使用公共电话网络拨号上网和使用专用线路上网两种方式。

（1）拨号上网　拨号上网就是利用已有的电话线和一个调制解调器（Modem）来与其他网络相连而构成广域网，如图 3-2 所示。

这种连接安装调试方便，投资较少，如果已经有电话线，实现网络的连接在硬件上只需要一个 Modem、一块网卡、连接电缆以及两个接头即可。

拨号上网是临时性的连接，需要上网时，先进行拨号，等接通了对方的电话后即接入到对方网络中。网上的任务完成后，就退出网络。

拨号上网是最广泛的一种上网方式，只要有电话线就可实现网络互连。但拨号上网通信的品质不是很稳定，依赖于电话线的品质。

（2）专用线路　专用线路是一种专用的模拟连接网络，它与拨号上网的区别是其传输的通信线路是专用的，而不

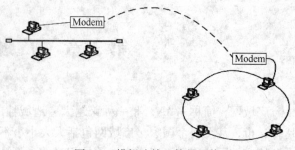

图 3-2　模拟连接—拨号网络

是现成的电话线。一般情况下是租用相关部门的线路，也可以自己建立专用的通信线路，但费用较高。

与拨号上网相比，专用线路上网可以提供较高的品质服务，能为自己的局域网提供方便的调整、组合语音、传真以及数据通信方面的服务。但是，它的组建费用高，而且租用的费用也不少。一般只有在下面的情况出现时才考虑租用线路：

1）连接的时间很长，用拨号上网时费用过高。

2）传输的数据量太大，拨号上网无法满足带宽要求。

3）有比拨号上网更高的安全要求。

4）对数据传输速度要求高。

5）需要频繁上网。

2. 数字连接

模拟连接网络在有些情况下非常有效，但是，它在质量、安全性以及带宽方面有时不尽如人意。取而代之是数字连接，所谓数字连接是指通信媒介中传输的是数字信号。图 3-3 所示为一个数字连接的广域网。

数字连接传输信号的准确率很高，可以达到99%。同时数字连接的线路也有不同的形式，常用的有数据电话数字服务（DDS-Dataphone Digital Service）、T1、T2、T3、T4 以及 Switched56。

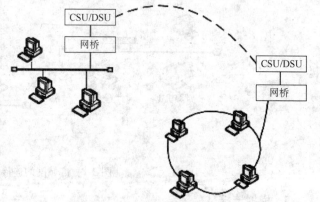

图 3-3　数字连接广域网

（1）DDS　这种数字连接是通过 CSU/DSU（通道服务设备与数据服务设备）从网桥或路由器上发送数据，只在一些城市中提供服务。它的传输速率很慢，与模拟连接的速率差不多，有 2.4、4.8、9.6、19.2 和 56kbit/s 几种，而且带宽也有限。但它的价格便宜，而且随时能提供服务，因此它适合带有终端通信或小报文通信的网络中。

（2）T1　T1 是目前应用最为广泛的一种数字连接。它提供 1.54Mbit/s 的带宽，是点对点的全双工连接。T1 的带宽划分为 24 个信道，每个信道带宽为 64kbit/s。一条 T1 数字电路相当于 6 条模拟语音线路，因此它可以用来传送语音和视频信号。

部分 T1 允许用户不用全部租用 T1 线路的服务，用户可以根据自己的需要选择租用线路的数目，避免信道的浪费。在表 3-1 中给出了信道数与实际带宽的关系。

表 3-1　信道数与带宽

租用的信道数	占用一条 T1 的带宽	实 际 带 宽
1	1/24	64kbit/s
2	1/12	128kbit/s
4	1/6	256kbit/s
8	1/3	512kbit/s
12	1/2	768kbit/s
16	2/3	1Mbit/s
20	5/6	1.25Mbit/s
24	1	1.54Mbit/s

（3）T2、T3 与 T4　这些数字连接与 T1 相比，提供了更大的带宽和更多的信道，采用的通信媒介与 T1 也不相同，一般需要高频的介质，如微波和光纤。它们是为高速大流量的数据传输设计的，适合于视频和语音以及对实时性有很强要求的传输。在表 3-2 中给出了这几种线路的带宽特性。

表 3-2　T1、T2、T3、T4 的带宽

线　　路	T-1 的信道数	信 道 数	实 际 带 宽
T1	1	24	1.54Mbit/s
T1C	2	48	3.15Mbit/s
T2	3	96	6.31Mbit/s
T3	4	672	44.74Mbit/s
T4	5	4032	274.67Mbit/s

（4）Switched56　这是由电话公司提供一种局域网到局域网的数字连接服务，它是非专用拨号（交换）线，带宽为 56kbit/s。使用这种服务的计算机必须有 CSU/DSU 才能与网络进行连接，其优点是价格便宜，而且随时能提供服务。

3. 分组交换连接

分组交换连接是一种高速的、具有差错控制功能和较高线路利用率的连接方式，是在广域网上应用极广的一种连接方式。

（1）分组交换的工作原理　在分组交换广域网中，计算机在发送数据前，把大的数据分成很多小的报文分组，对以报文分组为单位的信息进行发送、暂存和转发。计算机给每个报文分组加上目标地址、数据分组编号以及错误控制等其他的信息，然后把报文分组发送到网络上。

当数据达到网络上的交换设备后，这些设备根据目前网络上的信息流量情况，为每个数据帧选择一条最佳路径。这样，各个数据帧就沿不同的路径到达目标计算机。达到目标计算机时，其顺序可能完全改变了，目标计算机按照数据帧上的信息把它分组报文进行还原，使

之于原来的数据一致。

（2）分组交换业务方式的分类 在采用分组交换的网络中，其业务方式可分为如下两类：

1）虚拟电路方式。就是为两用户终端设备在开始互相发送和接收数据之前建立逻辑上的连接，而在实际的电路中可能有很多的不同链路的组合。这种虚拟的逻辑电路可以是临时性的也可以是永久性的连接，一直到离开网络时才释放连接。这种方式中，数据帧传送到目标计算机后，其顺序不会被打乱，目标计算机只需简单的重新装配就可以了。这种连接适合于没有处理能力的简单终端和长距离通信。

2）数据报方式。这种方式没有逻辑上的链路，它把每个数据帧都看成是独立的数据，在接收转发过程中，网络的交换设备会根据网络情况给每个数据帧选择一条最佳路径。数据达到目标计算机后，目标计算机必须按照分组编号重新排列各数据帧的顺序。这种连接传输的速度比较快，而且传输路径灵活、数据传输可靠，因此它特别适合于网络间的互连。

（3）分组交换的特点 这种连接的方法有如下特点：

1）数据传输的延时较小，可以用于实时性要求高的网络传输。

2）能自动选择路径，把数据流量均匀分配给整个网络，避免了网络局部的堵塞，并保证了所有信道具有较高的利用率。

3）数据传输的速度较快，可以适合大流量的需求。

4）采用多路复用的技术，可以充分利用各个通道，以便提供稳定的服务。

3.2 网络互连设备

网络互连设备是指用以将小型局域网连接起来形成广域网的设备，同时也可以使用这些设备对网络进行扩展。常用的网络互连设备有调制解调器、中继器、集线器、网桥、路由器、桥由器、网关等。

1. 调制解调器

（1）调制解调器的工作原理 调制解调器是由调制器和解调器两部分组成。计算机通过调制解调器与电话线相连，将资料传输出去和接收进来。

联网时，计算机之间是通过电话线相连并传输数据的，计算机只认识数字信号，但电话线只能传输模拟信号，因此需要在计算机与电话线之间加入调制解调器进行数字信号与模拟信号的相互转换。当向网上的其他计算机传输数据时，先要通过调制解调器把数字信号转换为模拟信号（即调制），然后才能通过电话线发送出去。网上的另一台计算机通过电话线接收到这个模拟信号后需先经过解调（模拟信号/数字信号转换），恢复为数字信号，然后才能交给计算机进行识别和处理。两台计算机之间的进程通信，就是通过这样一个调制与解调的过程来实现的。

（2）调制解调器的分类与选择 调制解调器一般分为外置调制解调器和内置调制解调器两种类型。

外置调制解调器主要通过串行口和计算机相连，使用时需外接电源独立供电，具有携带方便、性能稳定、安装方便等优点，且不占主板插槽，只需一个空闲串口。

内置调制解调器，一般是通过 PCI、AMR 等插槽直接和主板相连，相应地分为 PCI 接口卡式、AMR 接口卡式调制解调器。

选择调制解调器应从实际需求出发，多方面比较，一般从调制解调器的速度、兼容性和技术等方面综合考虑。

2. 中继器

中继器又名转发器或重发器，是一种最为简单的扩展设备，常用于两个网络节点之间完成物理信号的双向转发工作。中继器工作在物理层，负责在两个节点间的物理层实现按位传递信息，具有信号的复制、调整和放大功能，并以此来延长网络的长度，如图 3-4 所示。

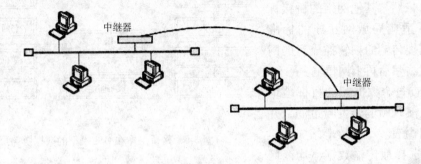

图 3-4　中继器使网络的信号传输得更远

一般情况下，在中继器两端连接相同的网络，并且两个网络应具有相同的体系结构、访问方式和遵守相同的协议。如果一个网络是令牌环网，另一个是以太网络，则它们之间的连接就不能使用中继器，如图 3-5 所示，而且中继器不能隔离网络风暴。

3. 集线器

集线器是一种能够改变网络传输信号、扩展网络规模、连接 PC、服务器和外设构建网络的最基本的设备。

集线器工作于物理层，属于通信设备，主要用于共享网络的组建，是解决服务器到桌面的最佳、最经济的方案。集线器作为网

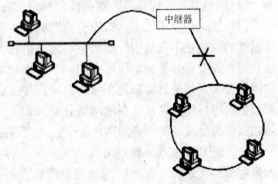

图 3-5　中继器不能连接不同的网络

络传输介质的中央节点，克服了传输介质是单一通路的缺陷，即使网络系统中某条线路或某个节点出现故障，也不会影响网上其他节点正常工作。

集线器在网络中的主要作用是作为多端口的信号放大设备。当一个端口接收到信号时，由于信号在从节点到集线器的传输过程中已有了衰减，所以集线器便需先将该信号再放大到发送时的状态，然后转发到其他所有处于工作状态的端口上。因此，它又被称为多口中继器，是一个标准的共享式设备。

按工作方式分类，集线器可以分为被动集线器、主动集线器、智能集线器和交换集线器。在选择集线器时一般从集线器的外形尺寸、带宽、是否具有管理功能、扩展方式等几方面考虑。

4. 网桥

网桥也称桥接器，是一个局域网与另一个局域网之间建立连接的桥梁。

（1）网桥的工作原理　网桥工作在 OSI 模型的数据链路层，如图 3-6 所示。正因为如此，它能完成比中继器更多的工作。

网桥的主要功能如下：

1）能够在数据帧上重生数据，不像中继器那样只是简单的把信号进行放大。

2）能够实现协议转换。网桥通过软件可以依照与其他网络的桥接标准，建立可适应局域网互连的标准帧，即将需要传输的帧转换成目的网络的帧格式，然后再上网传输。

3）检查每个数据帧的目标地址和源地址，实现帧的转发与过滤，并建立一张路由表。

4）有选择地传输数据，均衡网

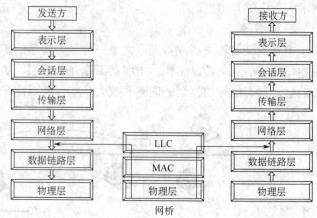

图 3-6　网桥工作在 OSI 模型的数据链路层

络负载。不像中继器那样简单地把数据从一个网络分支传递给另一个分支。这样可以有效地隔离网络的故障，均衡各网段的负载。

5）网桥具有管理功能，对扩展的网络状态进行监督。

网桥的工作原理如下：首先检查数据帧源地址，并与网桥中的路由表进行比较，如果该数据帧的源地址不在其中，则将它加到路由表中；然后分析数据帧的目标地址，如果目标地址在路由表中，并且和源地址在同一个网络分支中，则把这个数据帧忽略，不再传递给其他的网络分支；如果目标地址在路由表中，并且确定它与源地址不在同一个分支中，则把该数据帧发送给目标计算机所在的网络分支；如果目标地址不在路由表中，则把该数据帧发送到除数据帧源分支外的所有的网络分支，此时可能引起网络风暴。

（2）网桥的实现　网桥可以是一个独立的设备，也可以以其他的形式出现，比如网卡。如果网络操作系统支持网桥的功能，那么在服务器中安装多个网卡，就可以实现网桥的功能，这种网桥称为内置式网桥。

（3）网桥的适用场合　网桥是一种颇受欢迎的网络扩展设备，这主要是由于它具有以下优点：

1）设备简单，容易实现。

2）灵活性好，适用性强。

3）可以连接不同的网络分支。

4）能够分割网络减少网络的信息流量。

5）价格相对便宜。

在下面的情况中，可以考虑用网桥作为扩展设备：

1）需要扩展一个网络，使其能连接更多的计算机。

2）需要连接不同的网络分支，如令牌环网与以太网相连。

3）网络中有不同的物理媒介。

4）需要减少各个网络之间的数据流量。如同一单位中，不希望各个部门之间的数据流动太多则可以考虑用网桥。

5. 路由器

路由器是在网络层提供多个子网间连接服务的一种存储/转发设备，用路由器可以使在数据链路层和物理层协议完全不同的网络互连。路由器提供的服务比网桥完善，它可以根据传输费用、转接时延、网络拥塞或信源和终点间的距离来选择最佳路径。在实际应用时，它通常作为局域网与广域网连接的主要设备。

（1）路由器的工作原理　路由器工作在网络的网络层，如图 3-7 所示，因此它访问的是对方的网络地址，可以在网络层上进行交换和路由数据帧。所以，它能完成一些网桥不能完成的任务。

路由器的主要工作是为经过路由器的多个数据帧寻找一个最佳的传输路径，并将该数据有效地传送到目的地。

路由器中也有一个路由表，它包含已知的网络地址，它的内容要比网桥中的路由表丰富得多，主要包括以下几点：

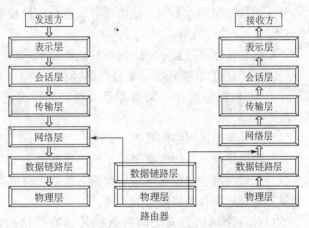

图 3-7　路由器工作在 OSI 模型的网络层

1）包含所有已知计算机的网络地址。
2）包含怎样与其他网络相连接。
3）包含与其他路由器之间可能存在的路径。
4）包含了各个路径之间发送数据的代价。

当数据帧到达路由器后，路由器查看数据帧的目标地址，并在路由表上查看到达目标地址的路径。根据路径的代价，选择一条最佳的路径，然后把数据帧沿这条路径发送给目标地址。

路由器可以阻止网络风暴。如果一个设备出现故障而反复发送同一个数据帧时，网桥不能识别这种错误，只是盲目地转发这些重复的数据帧，网络带宽最终会被这些无用的重复的数据帧所充斥。路由器能够把这种广播风暴分隔开来，最小化网络风暴给网络带来的侵害。

路由器可以控制数据流量和重新对数据分组分段。路由器流量的控制可以保证在网上发送数据的过程中，数据不会因为发送方和接收方速度不匹配而丢失。这是由于路由器有缓存数据的功能。同时它还有一个作用是对数据重新进行分组。当有接收方不能处理的较大数据帧时，路由器就把这个数据帧分组为小数据帧，以便接收方能够接受，防止重复发送。

（2）路由器的分类　路由器可以分为静态路由器和动态路由器两大类：对于静态路由器，一般由网络管理人员设置一个静态路由表，而且它不会随未来网络结构的变化而变化；动态路由器则不一样，它在网络管理人员设置路由表后，路由器根据网络系统实际运行而自动调整路由表，并且重新计算最佳的路径。

静态路由器的路径通常认为是最安全的，但不见得是最经济的。而动态路由器往往是一条最为经济的路径。

（3）路由器与网桥的区别　网桥与路由器的功能很相似，但二者之间有很大区别。主要体现在以下几点：

1）工作层不同。网桥工作在数据链路层，而路由器工作在网络层。

2）分析的地址不同。网桥分析的是网络的物理地址，路由器分析的是网络地址。

3）对网络风暴的反应不同。路由器可以最大限度地阻止网络风暴，网桥却不能。

4）流量控制能力不同。路由器可以进行流量控制，并能对数据帧进行重新分组，而网桥不能。

5）信息转移路径数不同。网桥只能经过单一的一条路径转输信息，路由器则可以有多条路径传递信息，并能选择一条最佳路径。

（4）路由器的选择　路由器是一种较为昂贵的设备，在下列情况下可以考虑使用路由器：

1）多种类型的网络间互连。

2）网络比较大，包含较多的子网，比如大于 15 个子网时，应考虑使用路由器。

3）如果网络系统没有网络层，则必须使用路由器。

4）需要均衡各个链路上的负载。

5）对各个网络分支之间的数据传递有严格的路径控制的要求时，应当考虑使用路由器。

6）对各个网络分支之间的数据传递有安全性的要求时，可以考虑使用路由器。

6. 桥由器

桥由器实际上是网桥和路由器的组合，有时可以当网桥使用，有时可以当路由器使用，因此，它具有两者的功能。一般来说，对选中的可路由协议它提供路由功能，此时它作路由器用；对非路由协议则提供网络桥功能，此时充当网桥使用。与单独的网桥和路由器相比，桥由器能够提供更高性价比的、更具管理性的互连网络。

7. 网关

网关是一种复杂的网络连接设备，它使得不同的环境和不同体系结构的网络通信成为可能。网关两端连接的网络系统在以下方面可以有所差别：

1）体系结构。

2）协议。

3）网络操作系统。

4）计算机的数据结构。

（1）网关的工作原理　网关可以是一台专门的设备，也可以是通过专门的接口部件和网关的软件组成。它总是针对某一特定任务，图 3-8 显示了一个 Microsoft Windows NT Server 到 IBM 的 SNA 网络的网关连接。

网关工作于 OSI 模型的应用层。它接到发送方的数据时，按照协议把发送方的数据进行分析，把数据一层一层地拆开，然后按照接收方的协议对数据重新进行包装，包装好后再把数据传递给接收方，这样，接收方就可以理解和接收该数据了。

可以看出，网关的任务是非常重要的，因此，它的速度往往很慢，成为一个网络的潜在瓶颈。

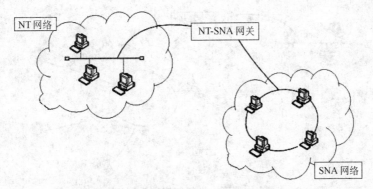

图 3-8　NT Server 到 SNA 的网关连接

（2）网关的特点　网关有如下几个特点：

1）实现不同的网络操作系统的网络间通信。

2）实现不同体系结构的网络间通信。

3）实现不同协议的网络间通信。

4）实现不同机器类型的网络间通信。

5）一个网关针对一个特定的任务。

6）网关的速度往往很慢。

7）价格很昂贵。

（3）网关的应用　正是由于网关有诸多缺点，所以只有在下列情况时才考虑使用网关：

1）不同的网络操作系统的网络间连接。

2）不同体系结构的网络间连接。

3）不同协议的网络间连接。

4）大型机与小型机之间的连接。

3.3　高级广域网技术

随着网络的扩展，广域网中的互连技术也在不断发展，出现了许多新技术。主要有以下几种：

1）CCITT X. 25。

2）帧中继。

3）异步传输技术（ATM）。

4）综合业务数字网（ISDN）。

5）同步光网（SONET）。

1. X. 25

X. 25 是 ITU-T 建议的一种协议，它定义终端和计算机到分组交换网络的连接。X. 25 是 CCITT 的标准，被广泛地应用在局域网到广域网连接中。利用 X. 25 技术可以保证任何终端设备连入到交换设备，如图 3-9 所示。

由于是针对模拟传输而设计，X. 25 网络通信速率最高为 64kbit/s，因此对当前的高带宽需求的局域网并不适应，它只能处理一些例如终端之类的低速处理设备和一些小报文的

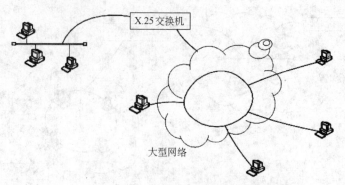

图 3-9　X.25 技术可以把任何终端连接到大型网络中

传输。

X.25 是一种应用很广的网络，每个国家的公用数据网几乎都提供 X.25 服务，因此这种网络很容易实现。

2. 帧中继

帧中继是一种高级的高速分组交换技术，满足了局域网互连所需的大容量传输要求，填充了 X.25 分组交换业务和 ATM 等宽带业务间的断层。图 3-10 所示是一个帧中继的网络。

帧中继是建立在数据传输率高、误码率低的光纤上，采用数字传输，支持可变长的数据帧。它抛弃了 X.25 技术中差错控制、流量控制、拥塞控制等功能，由用户设备完成差错控制功能，若发现数据帧遭到破坏，就把该数据帧抛弃，然后重新发送该数据帧。由于现代数字技术日趋成熟，错误很少，因此这种技术能有效地提高速度，对于帧中继网络，其传输速度一般能达到 2Mbit/s，理论上可高达 45Mbit/s。

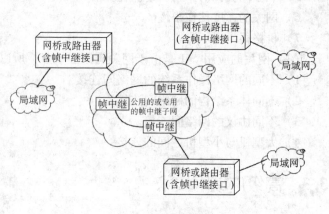

图 3-10　帧中继网络

帧中继技术允许采用多路复用技术和分割通道，这样可以满足不同用户的需求。

帧中继网络的实现必须依靠含有帧中继技术接口的多路复用设备，这种设备往往是支持帧中继技术的路由器和网桥等，利用它们可实现局域网和帧中继网络的连接。

3. 异步传输模式

异步传输模式（ATM）是一种将时分交换与统计复用融为一体的新型网络技术，是对传统网络理论与技术的巨大变革。它可以在基带上发送数据，也可以在宽带上发送数据，其理论的传输速率可达到 13.22Gbit/s，目前已实现了 622Mbit/s 的传输速率。ATM 可以传输信息、实时视频、高质量语音、图像、实时通信、可视图文、传真和多兆位的数据流。

ATM 是一种建立在交换机上的不同于传统的网络技术。传统的网络技术，通常以共享的方式访问资源，当网络上的计算机增加时，每台计算机的实际传输速率下降很快，而且传统的网络技术采用同一个传输的速率，如果计算机的传输速率不同时，必须采用其他的诸如网桥或路由器之类的设备来实现连接。而 ATM 技术采用交换并行的点对点的存取技术，一个数据的出现并不影响其他的网络链路，每一个计算机（或其他设备）都拥有与其连接的全部带宽。同时，交换机能够支持不同速率的设备，即 ATM 支持可变的带宽技术。

ATM 采用固定长度的信元进行数据传输，每个信元长度只有 53 个字节，其中 48 个字节是信息字节，5 个字节为信头，这有助于 ATM 的交换机在内存管理、路由计算和计算机技术方面具有很高的效率和交换速率，实现 ATM 网络的极高的传输速率。

ATM 采用的是一种虚拟电路的连接，其电路并不是实际的电缆或电线，只是对两台计算机之间永久的物理连接分配对应的需求带宽。只有当两台计算机交换了信息，约定了通信的参数后才建立连接。这种连接避免了信息传输过程中复杂的路由计算方法，进一步提高了传输的效率。

组建 ATM 网络需要 ATM 交换机、与 ATM 兼容的路由器、智能 Hub、通信媒介与 ATM 网卡等设备。其中，交换机是 ATM 网络的核心，负责将输入的信号转发给正确的输出端口、临时缓存数据和选择路由等功能。路由器充当 ATM 到局域网的连接中间设备，路由器收到局域网的数据帧，如果该数据帧是发送给交换机的，则把数据转换成交换机的格式传递给交换机；如果路由器收到交换机的数据，则把它转换成局域网能识别的数据帧，传递给局域网。使用带有 ATM 接口的智能 Hub，则可以组建一个 ATM 网络或把局域网与 ATM 大型网络相连；在 ATM 网络中，通信媒介的速度越快越好。网卡可以把微机连接到 ATM 网络上。

图 3-11 给出一个 ATM 网络。

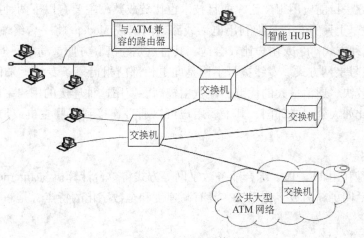

图 3-11　ATM 网络

4. 综合业务数字网

综合业务数字网（ISDN）是一种能够同时提供多种服务的综合性公用电信网络，是为提供综合语音、数据、视频、图像及其他应用和服务设计的。它的设计目标是把家庭和商业网络用电话线连接起来，因此 ISDN 的标准接口一般是在电话线上安装适当的数字开关。

ISDN 分为窄带 ISDN 和宽带 ISDN 两种。窄带 ISDN 提供 56kbit/s ~ 2Mbit/s 的低速服务，现在已经不能满足人们对通信速率的要求。宽带 ISDN 采用 ATM 技术，可以提供 2Mbit/s ~ 600Mbit/s 的高速连接。

窄带 ISDN 又称为基本速率 ISDN，通常由用于传输数字化的语音、图像或数字等数据的两条 64kbit/s 的 B 信道，加上为 B 信道提供控制命令的一个 16kbit/s 的 D 信道组成。因此，这种服务又叫 2B + D。

宽带 ISDN 又称为基群速率 ISDN，它提供的通道情况依不同国家或地区而定。在北美洲和日本，提供 23B + D，总传输速率为 1.544Mbit/s。在欧洲、澳大利亚、中国和其他国家，提供 30B + D，总传输速率为 2.048Mbit/s。

3.4 Internet 简介

Internet 是目前世界上最大的计算机网络，它起源于美国的 ARPANET 网络，最初建立的目的仅仅是为了科学研究。由于它的开放性以及具有强大的信息资源共享和交流能力，它的用户急剧增加，规模迅速扩大，应用领域也走向多样化。Internet 上的资源极其丰富，一般用户甚至能找到想要的任何资源。

3.4.1 连接 Internet

目前较常用的连接到 Internet 的方法有如下两种：

1）通过拨号线路进行模拟连接。

2）利用综合业务数字服务进行数字连接。

1. 模拟连接

模拟连接方法目前应用很广泛，而且技术也比较成熟，主要有以下两种拨号方式：

1）直接拨号上网方式。是指利用电话线路、网卡或 Modem 将一台终端或计算机与 Internet 连接，这种方式对个人用户比较合适，其特点是经济、方便、简单，但速度比较慢。

2）专线拨号上网方式。专线拨号上网是向电信部门租借一条专线，来代替电话线。因此，它有速度较快、通信量大的优点，但费用较高。使用这种连接的用户一般拥有自己的主机或局域网，比如大公司或部门，其下属用户可以通过连接到这些主机或局域网实现与 Internet 的连接。

2. 数字连接

数字连接是利用 T1、T3、综合业务数字网等方式将单台计算机与 Internet 相连接。它将当今的模拟电话网更新为数字化系统，具有高速度和全数字化的特点，是一种比拨号上网更为经济的方式。

3.4.2 Internet 提供的服务

Internet 中提供的服务主要有 WWW（万维网）、电子邮件、FTP 服务、Telnet（远程登录）、网上聊天和 News。

1. WWW

WWW 是一个 Internet 上运行的全球性的分布式信息系统，它是基于超文本传输协议的多媒体服务。它将各种类型的信息（文本、图像、声音和影视等）有机地集成起来，供用户浏览和查阅。IE 和 Netscape 是常用的 WWW 浏览器。

2. 电子邮件

电子邮件是 Internet 提供的一项最基本、最繁忙的服务，为用户提供了一种现代化的通信手段。与传统的通信方式相比，其具有传递迅速、可靠性高、一件多投、传送多媒体信息等优点。需要这种服务的用户首先需要在 Internet 上建立一个全球唯一的电子信箱。

在国内，有很多服务商提供免费的电子邮件服务，也就是免费发送和接收电子邮件，如163、sohu、sina 等网站都提供。

3. FTP 服务

FTP 服务就是让用户在 Internet 服务器上，共享以文件形式存储的信息。这些信息可以是计算机软件、声像文件、图像文件、文本资料等。用户需要登录 FTP 服务器下载所需要的文件或上传文件。FTP 客户端软件主要有字符模式和 Web 模式两种，目前常用的是 Web 模式，即利用 IE 浏览器就可以访问 FTP 服务。

4. Telnet

Telnet 允许用户通过网络登录到另一台远程计算机上，使用异地计算机系统的资源，如数据库和各种服务等。

5. 网上聊天

网上聊天就是身在异地的人们通过互联网进行信息交流的一种手段。目前主要有公共聊天室和网上 QQ 等形式。

6. News

这是一个获取消息和新闻的服务，它提供电子布告栏(BBS)、聊天室和网络新闻等。用户可以参与感兴趣的话题讨论、发表自己的观点，也可以向别人请教一些棘手的问题。

3.4.3　IP 地址与域名

为了使连入 Internet 的计算机在通信时能够相互识别，Internet 上的每一台主机都有唯一的一个 IP 地址与之相对应，而且在 Internet 上的每一个资源都是有一个域名。它们都有一定的规则，有助于用户在 Internet 上查找资源。

1. IP 地址

IP 地址类似于电话号码，它是每个主机和网络设备的地址号码，而且在 Internet 中是唯一的，这样才能保证信息准确无误地传送到目的地。

IP 地址是一个 32 位的二进制无符号数，为了表示方便，国际上通行一种"点分十进制表示法"，即将 32 位地址按字节分为 4 段，高字节在前，每个字节用十进制数表示出来，并且各字节之间用"."隔开。这样，IP 地址就表示成了一个用点号隔开的四组数字，每组数字的取值范围是 0~255。如：123.34.89.112。

IP 地址通常划分成两部分，第一部分指定网络的地址，第二部分指定主机的地址。

按网络规模大小的不同，可以将 IP 地址分为 A、B、C、D、E 5 种类型。A 类地址第一字节的第 1 位为 0，其余 7 位表示网络号；第二、三、四字节共计 24 个比特位用于表示主机号。B 类地址第一字节的前两位为 10，剩下的 6 位和第二字节的 8 位共 14 位二进制数用于表示网络号；第三、四字节共 16 位二进制数用于表示主机号。C 类地址第一字节的前 3 位为 110，剩余的 5 位和第二、三字节共 21 位二进制数用于表示网络号；第四字节的 8 位二进制数表示主机号。D 类地址第一字节的前 4 位为 1110，多用于多点播送。E 类地址第一字节的前 5 位为 11110，为将来预留，同时也可以用于实验目的，但它不能被分配给主机。

2. 域名系统

因为 IP 地址比较难记忆，为了向一般用户提供一种直观明了的主机识别符，TCP/IP 专门规定了一种字符型的主机命名机制，也就是给每一台主机一个字符串组成的名字，这种主机名相对于 IP 地址来说是一种更高级的地址形式，这就是域名系统。

域名系统的结构是层次化的，域下面按领域又分子域，子域下面又有子域。在表示域名时，自右到左越来越小，用圆点分开。例如：lncc. edu. cn 是一个域名，cn 代表中国，edu 表示网络域 cn 下的一个子域，代表教育界；lncc 则是 edu 的一个子域，代表辽宁省交通高等专科学校。

同样，一个计算机也可以命名，称为主机名。在表示一台计算机时把主机名放在其所属域名之前，用圆点隔开，就形成了主机地址。为了防止重名，Internet 采取了层次结构的命名机构，这样便可以在全球范围内区分不同的计算机了。

由此可知，计算机名由三部分组成，即局部名、组织名和组织类型名。如 www. nlc. gov. cn 表示它是中国国家图书馆的一台主机的名字。

为了保证域名系统具有通用性，Internet 制定了一组正式的通用标准代码作为第一级域名，见表 3-3。

表 3-3　Internet 第一级域名的代码及意义

域 名 代 码	意　　义	1997 年新增加的第一级代码	
		域 名 代 码	意　　义
com	商业机构	firm	商业公司
edu	教育机构	store	商品销售企业
gov	政府机构	web	与 WWW 相关的单位
mil	军事组织	arts	文化和娱乐单位
net	网络服务提供组织	rec	消遣和娱乐单位
org	一般的组织	info	提供信息服务的单位
int	国际组织	nom	个人
< Country Code >	国家代码		

3. 域名系统与 IP 地址的关系

用人们喜欢的自然语言去标识一台主机的域名，自然要比用数字型的 IP 地址更容易记忆，但是主机域名不能直接用于 TCP/IP 的路由选择之中。当用户使用主机域名进行通信时，必须首先将其映射成 IP 地址，因为 Internet 通信软件在发送和接收数据时都必须使用 IP 地址。Internet 提供了一种自动将名字翻译成 IP 地址服务，这也是域名系统的主要功能。

域名系统与 IP 地址有映射关系，它也实行层次管理。在访问一台计算机时，既可用 IP 地址表示，也可用域名表示。一般情况下，一个域名对应一个 IP 地址，但并不是每个 IP 地址都有一个域名和它对应，对于那些不需要其他人经常访问的计算机则只有 IP 地址，而没有域名。有时，一个 IP 地址对应几个域名。

4. 统一资源定位器

统一资源定位器（URL, Uniform Resource Locator）是专为标识 Internet 网上资源位置而设的一种编址方式，指明要访问的服务器以及访问的方法和位置。

一个 URL 一般由使用协议、冒号、资源地址 3 部分组成,资源地址用"∥"开头,如:http:∥www. microsoft. com 中, http 是使用协议, "∥www. microsoft. com"表示的是资源地址。

小结

广域网指的是网络中最大计算机之间的距离超过 10000m 的网络。广域网中常用的通信方式包括:模拟连接、数字连接和分组交换连接。模拟连接网络在通信媒介中传输的是模拟信号。数字连接中,通信介质传输的是数字信号,准确率很高,可以达到 99%。数字连接的线路有不同的形式,常用的包括:数据电话数字服务、T1、T2、T3、T4 以及 Switched56。分组交换连接是提供一种高速的、具有差错控制功能和高线路利用率的连接方式。

广域网需要一些很重要的互连设备,比如调制解调器、集线器、中继器、网桥、路由器、桥由器、网关等。以上各种互连设备都可以扩展、延伸网络,在不同的条件下,应选择不同的设备。

常用的高级广域网技术主要包括:CCITT X. 25、中帧器、异步传输技术(ATM)、综合数字业务(ISDN)。X. 25 是 CCITT 的标准,它是一种较早出现的局域网到广域网连接的技术;异步传输技术(ATM)是一种不同于传统网络技术的一种新型的网络技术,它可以在基带上发送数据,也可以在宽带上发送数据,其理论的传输速度可以达到 13. 22Gbit/s;综合数字业务(ISDN)是一种支持语音、图象和数据传输一体化的网络结构,其标准接口一般是在电话线上安装适当的数字开关。

Internet 是全球最大的一个网络,网上的资源极其丰富。与 Internet 连接可以通过拨号线路进行模拟连接或利用综合数字业务服务进行数字连接。Internet 中常用的服务有以下几种:WWW(万维网)、电子邮件、FTP 服务、Telnet、网上聊天、News 等。

[复习题]

1. 广域网与局域网相比,有哪些技术上的不同?

2. 什么是广域网的连接方式?广域网中有哪些连接方式?

3. 由于模拟连接使用的是电话通信中的标准语音线路,因此有时把模拟连接也叫做(　　)线路。

A. 拨号　　　　　　　B. 专用　　　　　　　C. 多对多　　　　　　　D. ATM

4. 专用线路与拨号线路相比,可以(　　)。

A. 上网更简单　　　　　　　　　　　B. 提供较高品质的服务

C. 组建费用更少　　　　　　　　　　D. 有更高的安全性

5. 在模拟连接中,不可缺少的扩展设备是(　　)。

A. 集线器　　　　　B. 中继器　　　　　C. 调制解调器　　　　　D. 网桥路由器

6. 什么是同步通信?什么是异步通信?

7. 调制解调器的标准是什么?

8. 关于分组交换连接说法错误的是(　　)。

A. 提供了一种高速的、具有差错控制功能和高线路利用率的连接方式

B. 是一种虚拟电路的连接方式

C. 采用了多路复用技术

D. 可以自由的选择传输数据的路径

9. 下列扩展设备中，能有效的隔离网络风暴的是(　　)。

A. 中继器　　　　　B. 集线器　　　　　C. 网桥　　　　　　　D. 路由器

10. 网桥与路由器有何区别?

11. 路由器连接的网络可以有不同的(　　)。

A. 通信媒介　　　　B. 网络开支　　　　C. 协议　　　　　　　D. 网络操作系统

12. ATM 的技术特点是什么?

13. 如何把计算机或局域网络与 Internet 连接?

14. Internet 常有的服务是什么?

15. 说出下面域的类型和意义：com、edu、gov、mil、net、org。

第 4 章　网络系统设计

计算机网络建设是一项系统化的工程，除具有一般工程的特点外，更具有其独特之处。网络工程可以描述如下：为达到一定的目标，根据相关的标准规范并通过系统的规划，按照设计的方案将计算机网络的技术、系统和管理有机地结合到一起的工程。随着时代的发展，在网络系统建设领域中，过去那种靠关系暗箱操作赢得合同的机会越来越少，取而代之的是项目招标这种新方式。因此，要想赢得用户青睐，除了公司整体技术和经济实力、良好的资质和成功的项目案例外，能够整合出一套可行性高、性价比高、用户适用性强的网络方案，是赢得合同的关键。

4.1　网络需求分析

需求分析是从软件工程学引入的概念，是关系一个网络系统成功与否最重要的砝码，也是网络组建的第一步。组建网络的目的是共享资源和相互通信，而建设何种结构、何种速度的网络，是以用户的需求和应用为依据，而不是网络设计人员凭空想出来的。网络结构是否合理，网络工程施工是否顺畅，都是以网络需求分析为基础。反之，如果没有就需求与用户达成一致，"蠕动需求"就会贯穿整个项目始终，并破坏项目计划和预算。

需求分析阶段主要完成用户网络系统调查，了解用户建网需求，或用户对原有网络升级改造的要求，包括综合布线系统、网络平台、网络应用的需求分析，为下一步制定网络方案打好基础。

需求分析是整个网络设计过程中的基础，也是难点，需要由经验丰富的网络系统分析员来完成。

4.1.1　需求调查

需求调查的目的是从实际出发，通过现场实地调研收集第一手资料，取得对整个工程的总体认识，为系统总体规划设计打下基础。

1. 网络用户调查

网络用户调查就是与未来的有代表性的直接用户进行交流，获得用户的需求信息。这个环节尤为重要，一般可用下面方法进行：

1）查询技术文档和背景资料。

2）对用户进行访谈。

3）问卷形式调查。

系统分析员对通过以上方式获得的信息进行分析和归类，得到网络用户基本要求。总体来说，包括以下几个方面：

1）网络延迟与可预测响应时间。可以通过具体的事件来获得。

2）可靠性/可用性。即系统不停机运行。

3）伸缩性。网络能否适应用户不断增长的需求。

4）高安全性。保护用户信息和物理资源的完整性，包括数据备份、灾难恢复等。

2. 应用调查

应用是组建网络的目的，不同的行业有不同的应用需求。一般应用包括从单位 OA 系统、人事档案、工资管理到企业 MIS 系统、电子档案系统、ERP 系统，从文件信息资源共享到 Internet/Intranet 信息服务和专用服务，从单一 ASCII 数据流到音频（如 IP 电话）、视频（如 VOD 视频点播）多媒体流传输应用等。只有对用户的实际需求进行细致的调查，并从中得出用户对网络的应用类型、数据量的大小、数据的重要程度、安全性及可靠性、实时性等要求，才能设计出符合用户实际需要的网络系统。

应用调查通常是由网络工程师、网络使用者或 IT 专业人员填写应用调查表。设计和填写应用调查表要注意"颗粒度"，如果不涉及应用开发，则不要过细，用户的主要需求没有遗漏即可。应用调查示例参见表 4-1。

表 4-1　应用调查表示例

业务部门	人数（工作点）	业务内容及第 3 方业务应用软件	业务产生的结果数据	需要网络提供的服务
财务处	8	结算、财务处理、固定资产管理、税务处理、用友财务软件（C/S）	总账、明细账、财务报表等数据，每年发生业务约8000 笔	数据要求万无一失，有关领导可实时查看账目，需要高可用性，需要安全认证
档案室	1	纸介质档案及底图、电子文档、CAD 电子图档管理及企业网内服务	需保存 30 年之久的珍贵共享档案数据库，共约 17000份，200GB	需要海量存储，需要高带宽，需要安全认证
设计部	58	产品研发、CAD、产品试验	CAD 图档、设计文档	软件、设计资源、信息资源共享，需要图书及资料查询阅读。需要共享设计软件的 License E-mail
市场营销部	11	市场推广，传统营销与电子商务并存，销售费用结算、合同管理	客户资料数据、产品资料、销售记录	电子商务系统（企业内部网和 Internet 协同），与财务部费用结算系统挂接 E-mail

3. 地理布局勘察

地理布局勘察就是对建网单位的地理环境进行实地勘察，进而确定网络规模、网络拓扑结构、综合布线系统设计与施工方案等，是十分重要环节。主要包括以下几项内容：

1）用户数量及相对位置是网络规模和网络拓扑结构的决定因素。对于楼内局域网，应详细统计出各层每个房间有多少个信息点、所属哪些部门、网络中心机房（网络设备间）在什么位置等信息，见表 4-2。对于园区网/校园网，则重点应放在各个建筑物的总信息点数上，见表 4-3，布线设计阶段再进行详细的室内信息点分析。

2）建筑群调查。包括建筑物群的位置分布，建筑物和建筑物之间的最大距离，建筑物中心（设备间）与网络中心所在的建筑物之间的距离，中间有无马路、现成的电缆沟、电线杆等。将其作为网络整体拓扑结构、骨干网络布局、尤其是综合布线系统需求分析与设计的最直接依据，如图 4-1 所示。

表 4-2　某学校用户信息点调查表示例		
部　门	层　次	信息总数
机关	7	30
基础部	6	10
物流系	6	12

表 4-3　校园网用户信息点调查表示例		
楼　宇	层　数	信息点数
教学楼	6	120
实验楼	8	200
综合楼	4	59

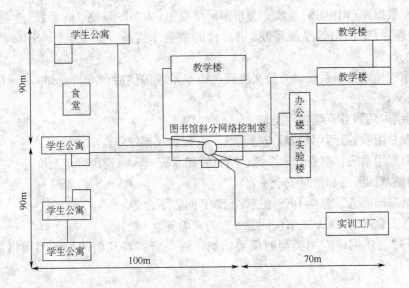

图 4-1　某学院校园网建筑群位置示意图

3）建筑物内部结构调查。建筑物内部结构，最好能参考建筑物设计图纸及各层结构图，以便于确定网络局部拓扑结构和室内布线系统走向及布局所使用的传输介质，如图 4-2所示。

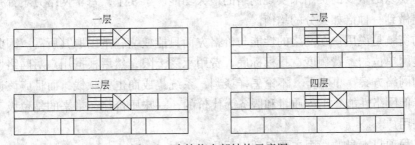

图 4-2　建筑物内部结构示意图

4.1.2　应用概要分析

通过调查，系统分析员以分类的方式对获得的材料进行分析处理，归纳出对网络设计具有重大影响的因素，进而使网络方案设计人员得出这些应用需要的服务器等级、服务器数量、网络负载、流量如何平衡分配、网络使用高峰期等。就目前来说，网络应用大致有以下几种典型的类型。

（1）Internet/Intranet 网络公共服务

1）WWW/Web 服务。

2）E-mail 电子邮件系统。

3）FTP（公用软件、设计资源等文件服务）。

4）电子商务系统。

5）公共信息资源在线查询系统。

（2）数据库服务

1）关系数据库（RDBMS）系统。为很多网络应用（如 MIS 系统、OA 系统、企业 ERP 系统、学籍考绩管理系统、图书馆系统等）提供后台的数据库支持，如 Oracle、SyBase、IBMDB2、MS-SQL Server 等。

2）非结构化数据库系统。为公文流转、档案系统提供后台支持，如 Lotus Domino、MS Exchange Server 等。

（3）网络专用服务系统应用类型

1）视频专用服务。VOD 视频点播系统、电视会议系统等。

2）部门专用系统。财务管理系统、项目管理系统、人力资源管理系统等。

（4）网络基础服务和信息安全平台

1）网络基础服务。包括 DNS 服务、SNMP 网管平台等。

2）信息安全平台。CA 证书认证服务、防火墙等。

可以通过上述网络应用类型的简要归纳，进一步扩展和引伸出各类网络的具体应用类型。

4.1.3 详细需求分析

1. 网络费用分析

计算机网络中的通信设备和服务器资源设备等硬件，可以说是一分钱一分货。但要记住一条原则：要以尽量少的费用来实现网络的最大功能。事实上，每个网络方案都是在网络性能与价格上做到一种恰如其分的均衡。

所谓均衡就是说用户在网络的性能与价格方面只能权衡轻重以取其所需。因此，首先要设法确定建网单位的经费额度、投标标底、费用承受上限，然后根据用户对网络性能的要求做出合适的网络方案。事实上，不论怎样谈判，系统集成商也要赚钱，而且应该让用户懂得降价是以降低网络性能、工程质量和服务为代价的，一味压价往往带来的是垃圾工程，最后吃亏的还是用户。

网络工程项目本身的费用主要包括以下几个方面：

1）网络硬件设备。包括网络服务器、工作站、海量存储设备、网络打印机、UPS 电源、交换机、路由器、集线器、网卡、布线设备及材料、辅助设备等。

2）软件购置及开发设计。网络系统软件、数据库系统、外购应用系统、网络安全与防病毒软件、应用软件开发费用、网络互连工具软件等。

3）安装调试费用。网络设计、网络集成费用、设备安装和布线费用。

4）远程通信线路或电信租用线路费用。

5）培训服务费用。人材培训费（包括网络系统管理、使用培训、网络应用软件使用培训）。

6）运行维护费用。网络运行后，必须考虑日常的运行和维护费用开销才能保证网络系统的正常运行。

2. 网络总体需求分析

通过用户调研，综合各部门人员（信息点）及其物理位置的分布情况，结合应用类型以及业务密集度的分析，大致分析估算出网络数据负载、信息包流量及流向、信息流特征等元素，从而得出网络带宽要求，并勾画出网络所应当采用的技术和骨干网拓扑结构，确定网络总体需求框架。

3. 综合布线需求分析

对网络中的建筑物（群）进行实地考察，由用户提供建筑工程图，从而了解建筑群分布情况、园区内道路分布情况、建筑的物理结构、中心机房的位置、每幢建筑物内信息点数、电力系统供应状况等，确定网络施工方案，做出施工费用预算。

综合布线需求分析主要包括 3 个方面：

1）根据建筑物间距离、网络速度和带宽要求确定线缆的类型和光缆芯数。

2）根据调研中得到的建筑群间距离、马路隔离情况、电线杆、地沟和道路状况，对建筑群间光缆布线方式进行分析，为光缆采用架空、直埋还是地下管道铺设找到直接依据。

3）对各建筑物的规模信息点数和层数进行统计，用以确定室内布线方式和管间的位置。建筑物楼层较高、规模较大、点数较多时，宜采用分布式布线。

4. 网络可用性/可靠性需求分析

不同行业对网络系统可用性要求不同，如证券、金融、铁路、民航等行业对网络系统可用性要求最高。可用性要求需要通过相应的措施来提高，如采用磁盘双工和磁盘阵列、双机热备容错、异地容灾和备份减灾措施等，也可采用高可靠性的大中小型 UNIX 主机（如 IBM、SUN 和 SGI），但这样做的结果会导致费用成指数级增长。

5. 网络安全需求分析

网络安全需求分析就是对网络方案进行全面分析，并根据用户群的实际情况，找出目前网络方案可能存在的安全隐患，保证网络资源的完整性、可靠性、有效性。安全需求分析具体表现在以下几个方面：

1）分析网络存在的弱点、漏洞与不当的系统配置。

2）分析网络系统阻止外部黑客攻击行为和防止内部职工违规操作行为的策略。

3）划定网络安全边界，使企业网络系统和外界的网络能安全隔离。

4）确保租用线路和无线链路的通信安全。

5）分析如何监控企业的敏感信息，包括技术专利等信息。

6）分析工作桌面系统安全。

4.2 网络系统方案设计

需求分析完成后，要形成一份报告。该报告要说明网络必须完成的功能和达到的性能要求，经过由用户方组织的评审团评审后，根据评审意见形成最终的需求分析报告。网络设计人员根据网络需求报告进行网络系统方案设计，这个阶段包括确定网络总体目标、网络方案设计原则、网络总体设计、网络拓扑结构、网络选型和网络安全设计等内容。

4.2.1 网络总体目标和设计原则

1. 网络总体目标

网络总体目标就是确定采用何种网络技术和网络标准，建设一个多大规模的网络以及有哪些具体应用。如果网络分期建设，应明确每期工程的子目标、建设内容、所需工程费用、所需时间和工程进度等。

实际上，不同的网络用户其网络设计目标基本相同。除应用外，投资规模、信息节点数量、地理覆盖范围都是限制因素，而其中投资规模是主要因素。任何网络方案设计都是性能与资金的平衡，计算机网络设备性能越好，技术越先进，成本就越高。网络设计人员不仅要考虑网络实施的成本，还要考虑网络运行成本。有了投资规模，在选择技术时就会有所依据。

2. 总体设计原则

网络系统性能要求高、技术复杂、涉及面广，在其规划与设计过程中，为使整个网络系统更合理、更经济、性能更好，须遵守以下设计原则：性价比高，统一建网模式，统一网络协议，保证可靠性和稳定性，保证先进性和实用性，具有良好的开放性和扩充性，在一定程度上保证安全性和保密性，具有良好的可维护性等。

由于不同单位的网络发展水平和应用需求差异很大，而且网络的组网方法、备选设备种类繁多，因此在设计时必须根据具体情况进行规划。

4.2.2 通信子网规划设计

1. 拓扑结构与网络总体规划

网络系统的拓扑结构是指网络各个节点的连接方法和形式，对它的设计是指在给定节点位置及保证一定可靠性、时延、吞吐量的情况下，服务器、客户机和网络连接设备如何通过选择合适的通路、线路的容量以及流量的分配，使网络的成本降低。不同的拓扑结构采用的网络控制策略不一样，不同的拓扑结构所使用的网络连接设备也不一样，网络拓扑设计的好坏对整个网络的性能和实用性都有影响。因此，合适的网络拓扑结构是很重要的。选择拓扑结构时，应该考虑的主要因素有以下几点：

1）经济性。拓扑结构与传输媒介的选择、传输距离的长短以及所需网络的连接设备密切相关，所以不同的拓扑结构直接决定了网络施工安装费用与维护费用的不同。比如，冗余环路可提高可靠性，但费用也较高。

2）灵活性。随着用户数的增加、应用的深入和扩大，网络新技术的不断涌现，特别是应用方式和要求的改变，网络经常需要加以调整。拓扑结构必须具有一定的灵活性，能被容易地重新配置。

3）可靠性。可靠性是任何一个网络的生命，随着网络长期运行，有可能产生各类故障，如设备损坏、光缆被挖断等，网络拓扑结构设计应避免因个别节点损坏而影响整个网络的正常运行。

随着网络技术不断发展，局域网一般采用可以实现快速交换的以太网和千兆以太网，使用星形、树形拓扑结构或其变种。广域网采用的网络技术种类较多，结构比较多样，但还是以网状结构为主。

通常一个规模较小的星形局域网没有主干网和外围网之分，而规模较大的网络通常呈倒树状分层拓扑结构。它们之间即相对独立又互相关联，包括主干网络、分布层和接入层。主干网络称为核心层，用于连接服务器群、建筑群到网络中心；连接各信息点的线路和网络设备称为接入层；分布层则是根据网络规模与局部网络信息点数来设置。分布层和

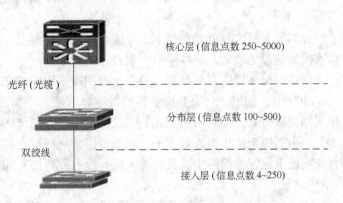

图 4-3　星(树)形网络的分层参考图

接入层又称为外围网络。如图 4-3 所示是星形拓扑结构树状分层参考图。

使用层次模型规划的好处是减轻网络处理器的负载，降低网络成本，简化设计元素，容易调整层次结构，充分发挥互连设备的特性。

2. 主干网络(核心层)设计

主干网为下两层提供优化的数据运输功能，它是一个高速的交换网络，其作用是尽可能快地交换数据包。一般而言，主干网用来连接建筑群和服务器群，承担着网络上 50% 左右的信息流。采用光缆作为传输介质，可供选择的有千兆以太网、100-BASE-FX、ATM 和 FD-DI 等，从经济性、可靠性、先进性和灵活性的角度考虑，一般采用千兆以太网络。

主干网的焦点是核心交换机(或路由器)。如果考虑提供较高的可用性，而且经费允许，主干网可采用双星(树)结构，即采用两台同样的交换机，与接入层/分布层交换机分别连接。双星(树)结构解决了单点故障失效问题，不仅抗毁性强，而且通过采用最新的链路聚合技术(Port Trunking)，例如快速以太网的 FEC(Fast Ethernet Channel)、千兆以太网的 GEC (Giga Ethernet Channel)等技术，则可以允许每条冗余连接链路实现负载分担。图 4-4 对双星(树)结构和单星(树)结构进行了对比，双星(树)结构会占用比单星(树)结构多一倍的传输介质和光端口，除要求增加核心交换机外，二层上连的交换机也要求有两个以上的光端口。

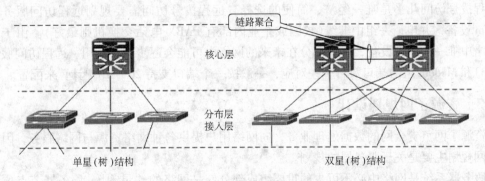

图 4-4　单星结构和双星结构

3. 分布层/接入层设计

接入层的主要功能是为用户提供对局域网访问的途径。用户通过接入层连接到远程服务器。

分布层是将大量低速的链接(与接入层设备的链接)通过少量宽带的链接接入核心层,以实现通信量的收敛,提高网络中聚合点的效率。

网络中分布层的存在与否,取决于外围网采用的扩充互连方法。当建筑物内信息点较多(如220个),超出一台交换机所容纳的端口密度而不得不增加交换机扩充端口密度时,如果采用级联方式,即将一组固定端口交换机上连到一台背板宽带和性能较好的二级交换机上,再由二级交换机上连到主干;如果采用多个并行交换机堆叠方式扩充端口密度,其中一台交换机上连,则网络中就只有接入层,没有分布层,如图4-5所示。

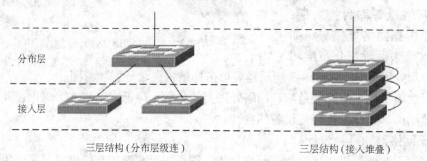

分布层

接入层

三层结构(分布层级连)   三层结构(接入堆叠)

图4-5   分布层与接入层的两种形态

要不要分布层、采用级连还是堆叠,要看网络信息流的特点。堆叠方式能够有充足的宽带保证,适合本地(楼宇内)信息流密集、全局信息负载相对较轻的情况;级连适宜于全网信息流较平均的场合,且分布层交换机大都具有组播和初级 QoS(服务质量)管理能力,适合处理一些突发的重负载(如 VOD 视频点播),但增加分布层的同时也会使成本提高。

分布层/接入层一般采用100BASE-T(X)快速(交换式)以太网,采用 10/100Mbit/s 自适应传输速率到桌面计算机,传输介质则基本上是双绞线。在选择交换机时,一定要选择专为分层设计的交换机,而接入层交换机可选择的产品很多,但一定要注意接入层交换机必须支持 1~2 个光端模块,必须支持堆叠。

4. 远程接入访问的规划设计

由于布线系统费用和实现上的限制,对于零散的远程用户接入,利用 PSTN 市话网络进行远程拨号访问几乎是唯一经济、简便的选择。远程拨号访问需要规划远程访问服务器和 Modem 设备,并申请一组中继线(校园或企业内部有 PABX 电话交换机则最好)。由于是整个网络中唯一的窄带设备,这一部分在未来的网络中可能会逐步减少使用。远程访问服务器(RAS)和 Modem 组的端口数目一一对应,一般按一个端口支持 20 个用户计算来配置。

4.2.3   资源子网规划设计

资源子网负责全网的数据处理业务,向网络用户提供各种网络资源与网络服务,因此资源子网规划主要是关于服务器的规划。

服务器系统是网络中必不可少的重要组成部分,是网络的"灵魂"。服务器节点位置的好坏直接影响整个网络的应用效果和运行效率。按服务范围和对象划分,服务器一般分为全局服务器和部门服务器两类。顾名思义,全局服务器为全网提供公共信息服务、文件服务、通信服务和应用服务，为企业网提供集中统一的数据库服务，由网络中心管理维护，服务对象为网络全局，一般放在网管中心；部门服务器只为一部分网络用户提供服务，主要由部门负责管理维护，如大学的图书馆服务器和企业的财务处服务器，适宜放在部门子网中。服务器同时为网络上的所有用户服务，因此要求具有较高的性能，包括较快的处理速度、较大的内存、较大的容量和较快的访问速度的磁盘和高带宽接入。服务器接入方案主要有以下几种：

1）千兆以太网端口接入。服务器需要配置而且必须支持 GBE 网卡，GBE 网卡采用 PCI 接口，使用多模 SX 连接器接入交换机的多模光端口中。其优点是性能好、数据吞吐量大；缺点是成本高，对服务器硬件有要求。因此，适合作为企业级数据库服务器、流媒体服务器和较密集的应用服务器。

2）并行快速以太网冗余接入。即采用两块以上的 100Mbit/s 服务器专用高速以太网卡分别接入网络中的两台交换机中，通过网络管理系统的支持实现负载均衡或负载分担，当其中一块网卡失效后不影响服务器正常运行。目前，这种方案比较流行。

3）普通接入。采用一块服务器专用网卡接入网络，是一种经济、简单的接入方式，但可用性低，信息流密集时可能会因主机 CPU 占用（主要是缓存处理占用）而使服务器性能下降。因此，适宜于数据业务量不是太大的服务器（如 E-mail 服务器）使用。

4.2.4 网络方案中的设备选型

1. 网络设备选型原则

1）对功能需求的满足。在选择设备时，首先需要考虑的就是在功能上能否满足网络设计中考虑的功能需求，包括硬件功能、软件功能。同时也需要注意，并不是功能越多越好。

2）对性能需求的满足。网络设备的性能通常在产品说明书中会注明，客户需要考察的就是这些性能指标能否满足网络设计中对设备提出的性能需求。

3）可升级性与可扩展性。网络技术的发展异常迅速，要求网络设备可以通过最小代价进行功能的升级，从而支持新的应用。网络设备可以通过软件版本的升级，实现新的功能。升级方法也必须简单和快速，从而减小网络动荡的影响。

4）可靠性。网络设备的可靠性直接关系到网络的应用，因此其必须提供高可靠性，并能采用其他可靠性技术来保证设备的正常运行。

5）选择性能价格比高、质量过硬的产品。为使资金的投入产出达到最大值，能以较低的成本、较少的人员投入来维持系统运转，应根据实际应用选择合适的设备，满足最迫切的需求，通过升级实现将来的需求，从而最大限度的保护投资。

6）厂商的选择。所有网络设备尽可能选取同一厂家的产品，这样在设备可互连性、协议互操作性、技术支持、价格等各方面都更有优势。从这个角度来看，产品线齐全、技术认证队伍力量雄厚、产品市场占有率高的厂商是网络设备品牌的首选。

2. 核心交换机的选型策略

核心网络骨干交换机是企业网的核心，应具备下列要求：

1）高性能，高速率。核心交换机是网络的核心，因此要求交换机必须有高速率，最好是交换机背板带宽大于所有端口带宽的总和。在高速率方面，分布式交换体系结构的交换机是比较好的选择。

2）可升级性，可扩展性。随着网络技术不断发展，用户数量不断增加，交换机是否能够实现平滑升级和网络的扩展，这样可以降低网络升级的成本。

3）可靠性。除考核、调研产品本身品质外，在经费许可的情况下选择具有硬件冗余设计和软件容错功能的设备，如冗余电源等；且设备扩展卡支持热插拔，易于更换维护。例如，安奈特的 SwitchBade 4008 交换机就具备硬件冗余设计与软件容错功能。

4）安全性。核心交换机是否具有防火墙功能，提供 QoS，支持 RADIUS、TACAS + 等认证机制。

5）良好的可管理性，支持通用网管协议，如 SNMP、RMON、RMON2 等。

3. 分布层/接入层交换机的选型策略

分布层/接入层交换机亦称外围交换机或边缘交换机，一般都属于可堆叠/可扩充式固定端口交换机，应具备下列要求：

1）端口选择。对端口的选择包括两个方面，一个是端口数量，一个是端口类型。而且可以堆叠、易扩展，以便由于信息点的增加而从容地进行扩容。

2）高性能。作为大型网络的二级交换设备，应支持千兆/百兆高速上连以及同级设备堆叠，当然还要注意与核心交换机品牌的一致性；如果用作小型网络的中央交换机，要求具有较高的背板带宽和三层交换能力。

3）性价比高。在满足网络性能要求的同时，达到最高的性价比，使用方便简单。

4）支持多级别网络管理。

4.2.5　网络操作系统与服务器资源设备

组建网络的目的是资源共享和协同应用，而网络资源的承载体是服务器，因此选择和配置服务器是十分关键的。许多用户偏重网络集成而不是应用集成，对应用方面缺乏高度认识和认真细致的需求分析，待昂贵的服务器设备购进来后发现与应用软件不配套或不够用，造成资源浪费，必然会使预算超支，直接导致网络方案失败。因此，网络应用与操作系统的关系、服务器的综合配置是构筑网络服务器体系的关键问题。

1. 网络应用与网络操作系统

网络服务器档次应与具体的网络应用相关联。网络应用的框架结构由底层到高层依次为服务器硬件、网络操作系统、基础应用平台和应用系统，如图4-6所示。

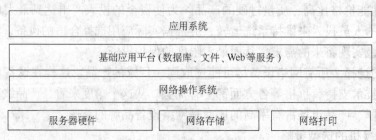

图4-6　网络应用框架结构

虽然从理论上讲应用系统与服务器硬件无关，但由于应用系统所采用的开发工具和运行环境建立在基础应用平台的基础上，基础应用平台与网络操作系统关系紧密，其支持是有选择的，有时基础应用平台甚至是网络操作系统的有效组成部分，不同的服务器硬件支持的操作系统大相径庭。因此，选择服务器硬件实际上首先要把网络操作系统定下来。

目前，网络操作系统体系庞杂，为网络应用提供了更高的可选择性。但同时也应该认识到，操作系统对网络建设的成败至关重要，如果为企业做集成时选错了操作系统，那么企业业务上的损失可能是天文数字。

2. 网络操作系统选择要点

当前被广泛采用的操作系统主要有三种：Novell 公司的 NetWare 操作系统、UNIX 操作系统和 Windows 操作系统。不同的网络操作系统是建立在不同的网络体系基础之上的。现代网络系统的一个发展方向是计算机网络、尤其是异构网络之间的互连，因此计算机网络操作系统也将朝着支持多种通信协议、多种网络传输协议以及多种网络适配器和工作站的方向发展。

下面简单地介绍这三种主要的网络操作系统。

（1）Novell 公司的 NetWare 系统　NetWare 操作系统是针对网络而设计的多任务优化网络操作系统，它采用一系列的先进技术以保证操作系统的整体性能具有较高水平，并且可靠性和安全性都比较不错。NetWare 操作系统能支持绝大多数的工业标准和国际标准，提供给用户很好的网络扩充和升级的技术环境。它采用的优化系统性能的主要技术有以下几种：

1）多任务内核技术。

2）磁盘高速缓存技术。

3）后台写盘技术。

4）索引文件分配表技术。

（2）UNIX 操作系统　UNIX 操作系统是 32 位多用户的操作系统，主要应用于小型机、大型机和 RISC 计算机上。自从网络传输协议 TCP/IP 以模块方式运行在 UNIX 操作系统上之后，UNIX 系统服务器就可以和 DOS 工作站通过 TCP/IP 组成总线以太网网络。因为 UNIX 操作系统能很好地支持网络文件系统服务和数据库的应用，所以通常的局域网操作系统都能较好地运行于具有 UNIX 环境的服务器上。

目前主要的 UNIX 操作系统包括：IBM 公司的 AIX、HP 公司的 HP-UX 、SUN 公司的 Solaris、SGI 公司的 Irix、Compaq 公司的 Tru64 UNIX。

（3）Microsoft 公司的 Windows 系列操作系统　由 Microsoft 公司研制的 Windows 系列操作系统（2000 及以上版本）是一种 32/64 位的网络操作系统，这是一种面向分布式图形应用程序的操作平台，能运行于各种不同类型的计算机上，并具有小型网络操作系统和工作站所具有的全部功能。其最大的特点是良好的用户操作界面。它主要有以下功能：

1）带有有限权的多任务/多线索环境。

2）具有强大功能的文件系统。

3）支持对称的多处理机系统。

4）兼容于分布计算机环境的远程过程调用。

在网络方案规划设计中，选择操作系统要考虑以下几个重要因素：

1）符合工业标准与国际标准。随着网络产品的国际标准化和工业标准化的逐渐形成，只有符合这些标准的网络操作系统才具有发展的潜力，用户才能在今后的技术维护中看到厂商的技术支持和服务。标准化的程度越高，与其他的网络产品的兼容性也就越强。

2）支持多种网络硬件设备。组成网络的硬件设备是多种多样的，因此不同的计算机系统之间不一定能够兼容。所以，只有能支持多种网络硬件设备的网络操作系统才能为今后建立更广泛的网络打下基础。

3）对应软件的支持。网络操作系统在市场上占有率越高，就有越多的第三方厂商开发基于这种网络操作系统的应用软件，该操作系统与其他的网络系统的兼容性就越强。而能在网络上运行的应用软件越多，也就越能充分地发挥网络的功能。

4）具有良好的安全性。网络的安全性是网络性能的一个重要方面。网络安全性有两方面含义：一方面是对用户操作权限的设置，防止非法的用户从网络上窃取、篡改、伪造重要的数据或者干扰网络的正常运行；另一方面是防止用户从网络病毒的侵入。网络操作系统应能提供一套有效的用户访问权限的设置机制，并应具备一定的病毒防范能力。

4.2.6 网络安全设计

从狭义的保护角度来看，计算机网络安全是指计算机及其网络系统资源和信息资源不受自然和人为有害因素的威胁和危害，即是指计算机、网络系统的硬件、软件及其系统中的数据受到保护，不因偶然或者恶意的原因而遭到破坏、更改、泄露，确保系统能连续可靠正常地运行，使网络服务不被中断。从广义角度来说，凡是涉及计算机网络上信息的保密性、完整性、可用性、真实性和可控性的相关技术和理论都是计算机网络安全的研究领域。网络安全是多方面综合性问题，其中最主要的是技术方面和管理方面的问题，两者相互补充，缺一不可。如何更有效地保护重要的信息数据、提高计算机网络系统的安全已经成为所有计算机网络应用必须考虑和解决的一个重要问题。

网络安全体系设计的重点在于根据安全设计的基本原则，制定出网络各层次的安全策略和措施，然后确定出应选用什么样的网络安全系统产品。

1. 网络安全设计原则

没有绝对安全的网络，但是如果在网络方案设计时就遵从一些合理的原则，那么相应网络系统的安全性和保密性就更加有保障。在设计网络方案时，应该遵守以下原则：

1）需求、风险、代价平衡的原则。对任一网络，绝对安全难以达到，也不是必要的。对网络面临的威胁及可能承担的风险进行定性与定量相结合的分析，找出薄弱环节，然后确定系统安全策略，制定规范化的具体措施。

2）综合性、整体性、等级性原则。一个计算机网络系统，包括人员、设备、软件、数据、网络和运行等，这些环节在系统安全中的地位、作用及影响，只有从系统整体的角度去分析，才可能得出有效可行的措施。因此，应该应用系统工程的观点和方法，分析网络的安全及具体措施。

3）有效性与实用性原则。网络安全措施需要人来完成，如果措施过于复杂，对人的要求很高，本身就降低了安全性。措施的采用对系统既要有效果，又要实用性。

4）分步实施原则。良好的网络安全是网络应用的保证。可由于网络系统及其扩展应用范围广阔，随着网络规模的扩大及应用的增加，网络的脆弱性也在不断增加，因此不可能一劳永逸地解决网络安全问题。同时，由于实施信息安全措施需要相当高的费用支出，因此只能采取分级管理、分步实施的原则，既可满足网络系统及信息安全的基本需求，又可节省费用开支。

5）木桶原则。安全系统的"木桶原则"是指对信息进行均衡、全面地安全保护。系统本身在物理、操作和管理上的种种漏洞构成了安全脆弱性，尤其是多用户网络系统自身的复杂性、资源共享性使单纯的技术保护防不胜防。攻击者使用的是"最易渗透原则"，必然在系统中最薄弱的地方进行攻击。因此，充分、全面、完整地对系统进行安全保护是系统安全的前提条件。

2. 网络信息安全设计与实施步骤

（1）确定面临的各种攻击和风险 网络安全系统的设计和实现必须根据具体的系统和环境，考察、分析、评估、检测（包括模拟攻击）和确定系统存在的安全漏洞和安全威胁。

（2）明确安全策略 安全策略是网络安全系统设计的目标和原则，是对应用系统完整的安全解决方案。

（3）建立安全模型 模型的建立可以使复杂的问题简化，更好地解决和安全策略有关的问题。安全模型包括网络安全系统的各个子系统，网络安全系统的设计和实现可以分为安全体制、网络安全连接和网络安全传输3部分。

1）安全体制。包括安全算法库、安全信息库和用户接口界面。

2）网络安全连接。包括安全协议和网络通信接口模块。

3）网络安全传输。包括网络安全管理系统、网络安全支撑系统和网络安全传输系统。

（4）选择并实现安全服务 分别对物理层、链路层、网络层、操作系统、应用平台、应用系统等方面选择合适安全方法。

（5）安全产品的选型测试 根据（4）的结果和用户具体应用，对不同厂家的产品进行测试，然后确定具体产品。

4.3 综合布线

综合布线系统是一个模块化的、灵活性极高的、由线缆及相关互连设备组成的信息传输系统，它能支持多种应用系统。综合布线的主体是建筑物或楼宇内的传输介质，以使语音设备、数据通信设备、交换设备和其他管理系统彼此相连，并使这些设备与外部通信网络连接。它还包括建筑物内部和外部线路（网络线路、电话局线路）间的缆线及相关的设备连接措施。

综合布线系统是网络建设中比较重要的另一环，它有很多技术规范，并直接影响网络运行质量。

4.3.1 综合布线系统概述

1. 网络综合布线系统的定义

综合布线系统（PDS）的兴起与发展，是在计算机技术和通信技术发展的基础上进一步适应社会信息化和经济全球化的需要，也是办公自动化进一步发展的结果。它也是建筑技术与信息技术相结合的产物，是计算机网络工程的基础。

综合布线系统是跨学科、跨行业的系统工程，内容非常广泛，包括了楼宇自动化系统、通信自动化系统、办公室自动化系统、计算机网络系统等几方面。

所谓综合布线系统是指建筑物或建筑群内的线路布置标准化、简单化，它是一套标准的集成化分布式布线系统。综合布线通常是将建筑物或建筑群内的若干种线路系统，如电话系统、数据通信系统、报警系统、监控系统等合为一种布线系统，进行统一布置，并提供标准的信息插座，以连接各种不同类型的终端设备。

布线系统也和计算机一样，随着科技的进步不断发展，所以它的定义也不断发生变化。

2. 综合布线系统的设计原则

综合布线系统的设计方案不是一成不变的，而是随着环境、用户需求来确定的。具体来说，应遵循以下几条原则：

1）系统的兼容性与前瞻性。综合布线系统是能综合多种信息传输于一体的传输系统，在进行工程设计时，必须确保相互间的兼容特性。综合布线系统综合了所有语音、数据、图像和监控设备，并将多种终端设备连接到标准的 RJ-45 信息插座内，因此它对不同厂家的语音、数据和图像设备均应兼容，而且使用相同的电缆与配线架、相同的插头和插孔模块，在满足用户需求的同时，具有适当的前瞻性。比如，在水平布线时，尽量采用 5 类以上双绞线或光缆。

2）模块化设计，便于今后升级扩容。在进行综合布线工程设计时，一定要采用模块化设计。工程所采用的插件尽量采用模块化标准部件，便于用户升级或扩容，而且不会影响到整体布线系统，从而保证用户前期的投资。

3）选择合适产品，控制用户投资。在满足系统性能、功能以及在不失其先进性的条件下，尽量使得整个布线系统投资合理，以便于构成一个性能价格比好的网络系统。

4）标准化和规范化原则。选择符合工业标准或事实工业标准的布线方案、网络设备。采用标准化、规范化设计，使得系统具有开放性，保证用户在系统上进行有效的开发和使用，并为以后的发展应用提供一个良好的环境。

5）用户至上。所谓用户至上就是根据用户需要的服务功能进行设计。不同的建筑，入住不同的用户；不同的用户，有着不同的需求；不同的需求，构成了不同的大楼通信综合布线系统。因此应该做到设计思想要面向功能需求，以满足用户需求为目标，最大限度满足用户提出的功能需求，并针对业务的特点，确保使用性。

3. 如何选择电缆系统

选择电缆系统需要从实际应用出发，考虑未来发展的余地和投资费用，确保安装质量。

从实际出发是指要考虑目前用户对网络应用的要求有多高、10Mbit/s 以太网能对用户的应用需求支持多长时间以及 100Mbit/s 以太网是否够用。

因为网络的布线系统是一次性长期投资，考虑未来发展是指要考虑到网络的应用是否在一段时期内有对高速网络如千兆位以太网或未来更高速网络的需求。

最后是如何保证安装的质量。除了布线系统本身的质量（通常是由厂家来保证，而且通常不是问题的主要原因）以外，不论是 3 类、5 类、超 5 类还是 6 类电缆系统，都必须经过施工安装才能完成，而施工过程对电缆系统的性能影响很大。即使选择了高性能的电缆系统，例如超 5 类或 6 类，如果施工质量粗糙，其性能可能还达不到 5 类的指标。所以，不论选择安装什么级别的电缆系统，最后的结果一定达到与之相应的性能，也就是需要对安装的电缆系统进行相关标准的测试以保证达到设计要求。目前的情况是 5 类双绞线系统已有认证标准可循，而超 5 类系统在 1998 年底就有标准出台，至于 6 类系统的标准则尚需等待。

4. 综合布线系统标准

目前综合布线系统标准主要有以下几类：

1）美国标准——ANSI/EIA/TIA-568-A：1995（美国《商业建筑物电信布线标准》）。综合布线系统是由美国首先提出的，因此，综合布线系统的标准也起源于美国。从 1985 年初，ANSI/EIA/TIA（美国电子工业协会/美国通信工业协会）开始制定《商业建筑物电信布线标准》（ANSI/EIA/TIA-568）。经过 6 年编制的时间，于 1991 年 7 月，EIA/TIA 颁布第一版，它将电话和计算机两种网络的布线结合在一起而形成综合布线系统。它是综合布线系统最早的奠基性标准，并一同推出了《商业建筑物电信布线通道及空间标准》（ANSI/EIA/TIA-569）。

1995 年 10 月，上述标准经过改进，正式修订为 ANSI/EIA/TIA-568-A。

1999 年发布了一个增补版 ANSI/EIA/TIA-568-A.5，并推荐 5e 和 6 类双绞线的相关内容。

2000 年 EIA/TIA-568-B 正式颁布。

2002 年 6 月，推出了 ANSI/EIA/TIA-568B.2-1-2002。

2）ISO/IEC 11801：1995（《信息技术—用户建筑物综合布线》）。1988 年开始，国际标准化组织/国际电工协会（ISO/IEC）在美国标准的基础上进行修改和补充，于 1995 年 7 月正式颁布《信息技术—用户建筑物综合布线》（ISO/IEC 11801：1995（E）），作为国际标准，供各个国家使用。

1999 年，对 ISO/IEC 11801：1995（E）修订补充了两个文件，Am1：1999 和 Am2：1999，简称 ISO/IEC 11801：1999。

2002 年国际标准化组织批准了 ANSI/EIA/TIA-568B.2-1-2002，标准号为 ISO/IEC 11801：2002。

3）中国标准。20 世纪 80 年代，在综合布线引入国内的初期，主要采用国外产品，所以主要采用国外标准并且以美国为主。20 世纪 90 年代，信息产业部（原邮电部）开始先后编制、批准、发布了一些标准和规范及图集，主要包括：

信息产业部

YD/T 926.1—2001，《大楼通信综合布线系统　第 1 部分：总规范》

YD/T 926.2—2001，《大楼通信综合布线系统　第 2 部分：综合布线用电缆、光缆技术要求》

YD/T 926.3—2001，《大楼通信综合布线系统　第 3 部分：综合布线用连接硬件技术要求》

中国工程建设标准化协会

2000 年 8 月 GB/T 50311—2000，《建筑与建筑群综合布线系统工程设计规范》

2000 年 8 月 GB/T 50312—2000，《建筑与建筑群综合布线系统工程验收规范》

2000 年 10 月 GB/T 50314，《智能建筑设计标准》

4.3.2　综合布线系统的组成

综合布线系统由工作区子系统、水平子系统、垂直干线子系统、设备间子系统、管理子系统和建筑群子系统六部分组成，图 4-7 给出了综合布线系统示意图。

1. 工作区子系统

工作区子系统由终端设备（如计算机）和信息插座的连接器组成，包括跳线、连接器和适配器等。工作区子系统的布线一般是非永久性的，用户根据工作需要可以随时移动、增加或减少，既便于连接，又易于管理。

根据标准的综合布线系统设计，在每个信息插座旁边要求有 1 个单相电源插座，以备计算机或其他有源设备使用，信息插座与电源插座间距不得小于 20cm。墙上型信息插座，通常安装在离地面 30cm 处。

2. 水平子系统

水平子系统局限于同楼层的布线系统，一端连接工作区或管理子系统的配线架，另一端与工作区子系统的信息插座相连，以便用户通过跳线连接各种终端设备，实现与网络的连接。

水平子系统通常由超 5 类或 6 类 4 对非屏幕双绞线组成，连接至本层配线间的配线柜内。当然，根据传输速率或传输距离的需要，也可以采用多模光纤。水平子系统应当按楼层各工作区的要求设置信息插座的数量和位置，设计

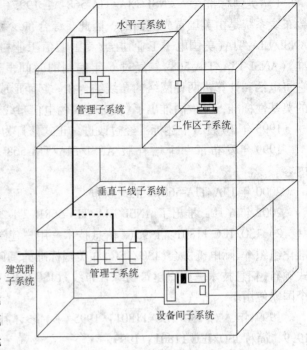

图 4-7　网络综合布线系统示意图

并布放相应数量的水平线路。为了简化施工程序，水平子系统的管路和缆线的设计和施工最好与建筑物同步进行。

从工作区的信息插座到配线间的配线架之间的 UTP 电缆，是水平子系统的主要布线材料，其用量可用下列计算公式得出：

所需 UTP 箱数(1 箱 305 米) = Max(信息点数/INT(305/每个信息点平均长度))

3. 垂直干线子系统

垂直干线子系统(也称主干子系统)是整幢建筑综合布线系统的主干部分，由两端分别铺设到设备间子系统或管理子系统及各个楼层水平子系统引入口处或楼层配线设备之间连接的线缆组成，提供各楼层电信室、设备室和引入口设施之间的互连。通常情况下，垂直布线可采用大对数超 5 类或 6 类双绞线，如果考虑到可扩充性或构建千兆位网络，则应当采用光缆。垂直干线子系统的线缆通常设在专用的上升管路或电缆竖井内。

垂直干线子系统在设计时就注意以下事项：

1）垂直干线子系统一般选用光缆，以提高传输速率。

2）确定每层楼的干线要求和防雷电的设施。

3）垂直干线子系统要防遭到破坏。

4）垂直干线子系统宜采用点对点端接，也可采用分支递减端接。

4. 管理子系统

管理子系统设置在各楼层的设备间内，由配线架、接插软线和理线器、机柜等装置组成，主要功能是实现配线管理及功能变换，连接水平子系统和主干子系统。

管理子系统采用单跳线方式，即使用双绞线或光纤跳线实现网络设备与跳线板之间的跳

接。"一插一拔"既方便、稳定，又便于管理。所有切换、更改、扩展和线路维护，均可在配线柜内迅速完成。

交接设备连接方式的选用应符合下列规定：

1）当对楼层上的线路较少进行修改、移位或重新组合时，宜使用夹接线方式。

2）在经常需要重组线路时使用插接线方式。

3）在交接场之间应留出空间，以便容纳未来扩充的交接硬件。

4）管理子系统应有足够的空间旋转配线架和网络设备。

5. 设备间子系统

设备间是一个安放有公共通信装置的场所，是通信设施、配线设施、配线设备所在地，也是线路管理的集中点。设备间子系统由引入建筑的线缆、各种公共设备（如计算机主机、数字程控交换机、各种控制系统、网络互连设备）和其他连接设备等组成。把建筑物内的公共系统中需要相互连接的各种不同设备集中连接在一起，完成各个楼层水平子系统之间的通信线的调配、连接和测试，并建立与其他建筑物的连接，形成对外传输的通道。

设备间子系统的设计要点如下：

1）根据建筑物规模和计算机房的位置，来为设备间定位，以降低网络材料成本。

2）设备间内的所有进线终端设备应采用色标区别各类用途的配线区。

3）设备间位置及大小应根据设备的数量、规模、建筑物位置等内容，综合考虑确定。

6. 建筑群子系统

建筑群子系统由配线设备、建筑物之间的干线电缆或光缆和跳线等组成，它将建筑物内的电缆延伸到建筑群的另外一些建筑物中的通信设备和装置上，是大楼外网络与内部网络系统的界面。建筑群子系统是综合布线系统的一部分，它支持提供楼群之间通信所需要的硬件，其中包括电缆、光缆以及防止电缆上的浪涌电压进入建筑物的电气保护装置。

4.3.3　综合布线系统设计要点

综合布线系统的设计方案不是一成不变的，可以根据环境和用户要求来确定。其要点如下：

1）尽量满足用户的通信要求。

2）要了解建筑物、楼宇间的通信环境。

3）确定合适的通信网络拓扑结构。

4）选取将要使用的介质。

5）以开放式为基准，尽量与大多数厂家产品和设备兼容。

6）系统初步设计成本估算。

7）将初步为系统设计和建设费用预算告知用户。

在征得用户意见并签订合同书后，再制定详细的设计方案。

4.3.4　综合布线产品厂商介绍

1. Avaya 公司

Avaya 公司是从朗讯公司分离出来的一家公司，主要提供数据通信产品、语音和数据融合产品、客户关系管理、消息传送、多业务网络和结构化布线产品和服务，其所有产品依然沿用朗讯公司的品牌 SYSTIMAX。

这套综合布线系统提供了端到端的、高性能的、高可靠性的布线连接解决方案。该布线系统中各个器件可以进行无缝、和谐的连接，而且对通信行业高速发展的前瞻性使其布线系统产品包括了从铜缆到光纤的全系列的产品。

2. AMP（安普）公司

AMP 公司是生产电子、电器连接器的著名企业，创立于 1941 年。AMP 公司在美国及全球 50 多个国家设有工程与产销部，生产超过 10 万种端子、连接器、电缆器件、开关和各类有关应用工具，供应给全球 20 多万家电子电器设备制造商。

AMP 公司设计及生产了 NETCONNECT 布线系统。此系统提供了完整的音频、数据、视频电缆布线和连接，更可为学校、医院、办公室及生产设备提供高性能系统。与 SYSTIMAX 类似，AMP 的 NETCONNECT 综合布线系统也提供了从铜缆到光纤的一系列完整的布线产品。

3. IBDN（丽特网络）公司

IBDN 是 Integrated Building Distribution Network 的缩写，总部设在加拿大蒙特利尔市，曾经由北方电信制造公司经营。其线缆集团成为 CDT 的一部分，组成北美第二大结构化布线供应商 NORDX/CDT。1997 年进入我国市场，先后在北京、上海、深圳、成都等地设立办事处，并推出 IBDN CLUB，为布线系统集成工程师提供了较好的培训和交流机会。

目前，IBDN 业务遍及全球 35 个国家和地区。凭借着在电信行业的近百年经验，IBDN 已成为目前全世界最大的结构化布线厂商之一，其产品系列多达 2000 多种，其中，包括先进的 IBDN 布线解决方案。IBDN 的许多专家都参与过 ANSI/TIA/EIA、CSA 和 ISO/IEC 相关标准的制定。

4. Siemon（西蒙）公司

Siemon 公司 1903 年创立于美国康洲水城，是智能布线专业制造生产厂商，是全球首家拥有 6 类全系列产品及系统，并推出 TBICSM 集成布线系统解决方案的公司。自 1996 年进入中国市场，Siemon 公司先后在北京、上海、广州、成都设立办事处，公司不仅可以提供全球化的电信解决方案，而且在全球范围内还提供了技术支持和培训。

5. POSTEL（南京普天）综合布线系统

南京普天通信股份有限公司是国内较有代表性的通信设备及综合布线产品生产企业。该公司一直致力产品研究，已形成以数据网络设备、配线设备、无线设备、电气设备、综合布线等 5 大产业为主导的多元化经营格局，其产品已经覆盖全国 30 多个省市，并出口俄罗斯、越南、朝鲜、尼泊尔、古巴、孟加拉、巴基斯坦、哥伦比亚等十多个国家和地区。1999 年该公司配线系列设备通过 ISO 9001 质量体系认证，现已发展成为国内最大的综合布线产品及配线设备生产供应商之一。

4.3.5　网管中心机房建设

网管中心机房是放置网络核心设备的房间，因此它的建设应根据网络系统的规模、用途、网管中心组织特点、设备类型和数量以及房屋结构特点进行规划布局和合理的结构设计。

网络中心机房主要依据是国标 GB 2887—89《计算站场地技术条件》、国标 GB 50174—

93《电子计算机房设计规范》、国标 GB 9361—88《计算站场地安全要求》、国标 GB 6650—86《计算机机房活动地板技术要求》、国标 GB 50222—95《建筑内部装修设计防火规范》、《通信机房静电防护通则》、国标 GBJ 232—83《电气装置安装工程及验收规范》等。

网管中心机房设计要点如下：

（1）室内吊顶　采用铝合金微孔吸音天花板，铝合金吊顶与结构楼板保持一定的距离，结构楼板涂乳胶漆作防尘处理。吊顶与地板间的净高度保持在 2.5m 以上。

（2）房间间隔　网络设备主机房、服务器间的分隔墙采用 10mm 大面积钢化玻璃。UPS 电源室、配电室及其他房间的间隔墙采用空心砖墙至主楼板下。

（3）地面　地面均安装优质全钢抗静电活动地板。安装高度不少于 150mm，便于地板下面铺设管道。地面作防尘处理。

（4）供电网络

1）满足 $f = 50Hz$　$U = 380/220V$ TN-S 制式。

2）采用一级供电方式，采用双电源，即由 2 台不同变压器以 2 条市电互为备用电路。

3）计算机系统、空调系统与照明系统电源，必需各自独立，二路进线供电。

4）在配电室设置二套配电柜，分别供计算机、空调照明系统使用。

5）网络设备和服务器、计算机设备的供电由 UPS 系统提供，在计算机供电房安装浪涌吸收装置。

（5）照明及辅助电源

1）利用光管盘（$1200 \times 600mm, 3 \times 40W$）。

2）主机房配电及调控机房的照度≥300lx。

3）其余各室照度≥200lx。

4）应急照明电源从 UPS 内引出。

5）应具有相应的应急灯具配置。

（6）接地系统

1）计算机直流工作接地。在室外墙打一组钢管接地桩，并用电线引入机房，电阻≤1Ω。

2）交流保护接地。利用大楼交流保护接地，电阻≤4Ω。

3）安全保护接地。利用大楼安全接地，电阻≤4Ω。

4）最好在地板下做铜带地网。

（7）消防

1）吊顶上层、吊顶下层、活动地板下分三层安装温感和烟感探头。

2）吊顶下和地板下安装灭火系统喷头。

4.3.6　综合布线系统的设计等级

组成网络的综合布线系统的设计等级，完全取决于用户的实际需要，不同的要求可给出不同设计等级。通常，综合布线系统的设计等级可分成基本型、增强型和综合型。

1）基本型。适用于综合布线系统中配置标准较低的场合，用铜芯双绞电缆组网。

2）增加型。适用于综合布线系统中中等配置标准的场合，用铜芯双绞电缆组网。不仅支持语音和数据处理的应用，还支持图像、影像、影视、视频会议等，并且可按需要利用接线板进行管理。

3）综合型。适用于综合布线系统中配置标准较高的场合，用光缆和铜芯双绞电缆混合组网。

这3种系统等级的综合布线都能够支持语音、数据等服务，能随着工程的需要转向更高功能的布线系统，例如能够从基本型升级到综合型。它们的主要区别如下：

1）支持语音和数据服务所采用的方式不同。

2）在移动和重新布局时实施链路管理的灵活性不同，综合型具有更高的灵活性。

小结

组建一个局域网的三个基本步骤是需求分析、网络系统规划和综合布线。

需求分析主要完成用户网络系统调查，了解用户建网需求或用户对原有网络升级改造的要求。这包括综合布线系统、网络平台、网络应用的需求分析，为下一步制定网络方案打好基础。

网络设计人员根据网络需求报告，进行网络系统方案设计。主要包括确定网络总体目标、网络方案设计原则、网络总体设计、网络拓扑结构、网络选型和网络安全设计等内容。

综合布线则根据已经确定网络规划方案和用户地理情况、信息点分布情况、建筑物分布情况来制定一个确实可行的网络实施方案。

需求分析是组建网络的基础；网络系统规划是网络主体部分，决定了网络应用和网络传输速度；综合布线系统则设计网络具体实施方案。三者是相辅相承，不可忽视其中任何环节。

[复习题]

1. 组网前为什么要进行用户需求分析？用户需求分析的意义是什么？
2. 网络系统总体设计原则是什么？
3. 为什么进行网络安全设计？
4. 网络硬件选择原则是什么？
5. 通信子网络如何规划与设计？
6. 网络资源子系统规划的目的和意义是什么？
7. 综合布线系统由哪几部分组成？
8. 请说明组建一个局域网的步骤是什么？在每一步中应该注意哪些事项？

第 5 章　网络工程项目管理

任何工程技术项目的实施都离不开管理，而系统集成是一种占用资金较多、工程周期较长的经营行为，因此，更需要优秀的管理工作。

5.1　项目管理基础

5.1.1　项目管理概述

1. 项目管理的定义

项目管理是以项目为对象的系统管理方法，通过运用企业有限的资源，对项目进行高效率的计划、组织、指挥、协调、控制和评价，对项目进行全过程的动态管理和项目目标的综合协调优化，以实现顾客利益的最大化。

对企业来说，项目管理思想可以指导其大部分生产经营活动。例如，市场调查与研究、市场策划与推广、新产品开发、新技术引进和评价、人力资源培训、劳资关系改善、设备改造或技术改造、融资或投资、网络信息系统建设等，都可以被看成是一个具体项目，采用项目小组的方式完成。

2. 项目管理对网络系统集成工程建设的意义

组建网络系统是一项投资较大的工程，它也是一类项目，因此必须采用项目管理的思想和方法来管理。网络工程项目的失败可能有多方面原因，包括技术欠缺、费用超支、进度拖延等。即使采用了项目管理的方法建设网络系统，也不一定能够成功，比如项目管理不当或根本就没有项目管理意识，则网络系统建设也必然会失败。因此，项目管理是网络系统集成成功的必要条件，而非充分条件。

由于网络系统组建工程是高利润的工程，即使内部存在问题，系统集成商仍能赢利，从而造成 IT 企业忽视了项目管理的作用，这也是项目管理在网络系统工程没有被重视的根本原因。

例如，某家系统集成商投标中得一所学校网络建设项目，由该企业为学校组建网络并完成软件系统的配置(包括系统软件配置和应用开发)，总投资额为 120 万元人民币。承接任务时计算出的理论利润相当高，但当项目结束后进行财务结算时，却发现该项目居然亏损。追究原因，主要是客户多次更改需求及网络布线，而项目小组始终认为还有足够的利润，因而并未对客户提出的变更收取相应的变更费用，结果导致费用超支。这个例子反映出该企业在项目管理上存在着严重的问题，即没有明确客户需求、没有严格的项目费用管理机制等。可以说，项目管理上的疏忽注定了该项目失败。

3. 网络系统集成项目的特殊性

网络系统集成作为一类项目，具有 3 个鲜明特点：

1）客户需求不具体，功能不准确，主要是由项目组根据以往的经验定义。在网络建设中，由于客户对信息技术的各项指标不熟悉，常常工程开始时只有一些初步的功能要求，没有明确的想法，也提不出确切的需求，因此网络项目的任务范围很大程度上取决于项目组所做的系统规划和需求分析。为了更好地定义或审查网络系统项目的任务范围和质量要求，客户方可以聘请网络系统项目监理或咨询机构来监督项目的实施情况。

2）客户需求随项目进展而变，导致项目进度、费用等不断变更。虽然已经签订了合同，做好了网络系统设计方案，但随着网络系统完成阶段的不同，由于受到已完成网络系统的启发，客户也会不断提出新的需求，尤其是网络应用系统软件方面的改进或变更，导致程序、界面以及相关文档需要经常修改。

3）网络系统建设是智力密集型项目，又是劳动密集项目，受人力资源影响最大。网络系统项目工作的技术性很强，需要大量高强度的脑力劳动，项目施工阶段又需要大量的手工或体力劳动。这些劳动十分细致、复杂并且容易出错，因而网络系统项目既是智力密集型项目，又是劳动密集型项目。

5.1.2 项目管理过程

网络工程是一项投资较大的计算机工程，必须有严格的管理制度和质量监督体系，才能保证工程进度和工程质量。在网络系统建设过程中，应当组织有效的管理机构，明确职责和任务，编制详细可行的质量管理手册，建立质量监督队伍，科学有效地进行工程管理和质量保证活动。其目的在于实施网络工程系统规定的各种必要的质量保证措施，以保证整个网络工程高效、优质、按期完成，确保整个网络系统能满足各单位的需求，网络集成商可获得自己应有的利润。

系统集成商应逐步形成一整套独特而高效的工程项目管理规范及实施的方法和手段，主要体现在以下几个方面：

1）工程实施管理的体系结构。

2）文档管理与控制。

3）方案设计与规范。

4）设备验收与控制。

5）工程实施过程的准备与组织。

6）工程实施过程的控制。

7）工程实施的验证。

8）标识和可追溯性。

9）存储和发放。

10）不合格的控制。

11）审核与评审。

12）经验与交接。

13）质量控制。

14）人员与培训。

5.2 网络工程的项目管理

5.2.1 建立高效的项目管理组织结构

为了在短时间内以最少的投入完成网络工程建设任务,建立一个以项目经理负责、由系统集成商和用户双方共同参与、高效率的项目管理组是十分必要的。项目管理组包括工程决策、工程管理、工程监督、工程实施和工程验收等在内的一整套管理机构,形成一个相对完善和独立的机体,全面服务于系统集成工程,切实保障工程的各个具体目标的实现。

(1) 领导决策组　确定工程施工过程中的重大决策性问题,如确定工期、总体施工规范、质量管理规范及甲乙双方的协调等。

(2) 协调管理组　负责工程的具体施工管理,全面完成决策组的各项决策目标。其任务包括:资金、人员和设备的具体调配,控制整个工程的质量和进度,及时向决策组反馈工程运作的具体情况。

为了全面做好整个工程的材料设备采购供应工作,根据工程实施的具体情况做好采购供应计划,确保工程的顺利进行。

(3) 工程质量监督组　组建由系统集成商、用户、网络监理单位三方参与的工程质量监督组。其任务是:主要帮助用户把好工程质量关,管理上直接对决策组负责。在人员配备上坚持以监理公司为主、系统集成商、用户为辅的原则。定期召开质量通报会,切实使工程的全过程得到有力的监督和明确、有效的指导。

(4) 工程施工组　根据工程的实际情况,对工程内容进行分类,划分若干工程小组,每个小组的工作内容应具有一定的相关性,这样有利于形成高效的施工方式。在施工过程中,必须坚持进度和质量保证的双重规范。

(5) 工程管理与评审鉴定小组　负责工程项目进度控制,技术文档的收集、编写、管理,项目进度评估,验收鉴定的组织和管理。

5.2.2 网络工程的文档资料管理

在组建网络工程的过程中,文档资料的管理是一个重要组成部分,必须根据相关的文档资料管理规范进行规范化管理。网络工程文档目前在国际上还没有一个标准可言,国内各大网络集成商使用的文档格式也不一样。但网络工程文档是极其重要的,它既要作为工程设计实施的技术依据,又要成为工程竣工后的历史资料文档,并且还要作为整个系统在未来维护、扩展、故障处理工作中的客观依据。网络工程的文档资料主要包括 4 个方面的内容:网络方案设计文档、网络管理文档、网络布线文档和网络系统文档。如果工程项目中包括软件开发项目,还应包括网络应用软件文档。

(1) 网络方案设计文档

1) 网络系统需求分析报告。

2) 网络工程项目投标书。

3) 网络系统的设计方案。

4) 网络系统拓扑结构图。

5）网络设备配置图。

6）骨干网铺设路由平面图。

7）各个建筑物内部结构图和站点分布图。

（2）网络管理文档

1）网络设备到货验收报告。

2）网络设备初步测试报告。

3）网络设备配置登记表。

4）IP 地址分配方案。

5）VLAN 划分方案。

6）设备调试日志。

7）网络系统初步验收报告。

8）网络试运行报告。

9）网络最终验收报告。

10）系统软件设置参数表。

（3）网络布线文档

1）网络布线工程图（物理图）。

2）综合布线系统各类测试报告。

3）综合布线系统标识记录资料，包括：配线架与信息插座对照表；配线架与集线器接口对照表；集线器与设备间的连接表；光纤配线表。

4）综合布线系统技术管理方案。

5）综合布线系统的总体验收评审资料。

6）测试报告（提供每一节点接线图、长度、衰减、近端串扰和光纤测试数据）。

（4）网络系统文档

1）服务器文档，包括服务器硬件文档和服务器软件文档。

2）网络设备文档。网络设备是指工作站、服务器、中继器、集线器、路由器、交换器、网桥、网卡等。在做文档时，必须有设备名称、购买公司、制造公司、购买时间、使用用户、维护期、技术支持电话等。

3）用户使用权限表。

（5）网络应用软件文档

1）应用系统需求分析报告。

2）应用系统设计书。

3）应用系统使用手册。

4）应用系统维护手册。

5.3 工程测试与验收

工程测试是工程实施过程中的一个重要环节，通过测试检查工程质量是否达到设计要求，网络性能是否达到要求。在测试时应以国际规范为标准，分阶段进行，形成测试报告和质量检测评价报告，及时反馈给工程决策组，并存档作为工程的实时控制依据和工程完工后的原始备查资料。

5.3.1　综合布线系统的验收

1. 施工前网络工程监理需要检查的事项

（1）环境要求

1）建筑物的地面、墙面、天花板内、电源插座、信息模块座、接地装置、房间高度、门等要素是否符合设计要求。

2）交接间、设备间、管理间的位置与数量。

3）房屋预埋地槽、暗管及孔洞和竖井的位置、数量、尺寸是否符合要求。

4）施工队伍以及施工设备情况。

5）活动地板的铺设是否满足要求。

（2）施工材料的检查

1）双绞线、光缆等缆线是否符合设计的规定和合同要求。

2）塑料槽管、金属槽、型材是否符合设计的规定和合同要求。

3）机房设备如机柜、集线器、接线面板是否符合设计的规定和合同要求。

4）信息模块、座、盖是否符合设计的规定和合同要求。

（3）安全、防火要求

1）器材是否靠近火源。

2）器材堆放处是否安全防盗。

3）发生火情时能否及时提供消防设施。

2. 检查设备的安装

（1）机柜与配线面板的安装

1）机柜安装的位置、规格、型号、外观是否符合设计要求。

2）跳线制作是否符合标准，配线面板的接线是否规范。

（2）信息模块的安装

1）信息插座安装的位置是否规范。

2）信息插座、盖安装是否平、直、正。

3）信息插座、盖是否用螺钉拧紧。

4）标志是否齐全。

3. 双绞线电缆和光缆的安装

（1）桥架和线槽安装

1）安装位置应符合施工图规定。

2）安装是否标准。

3）接地是否畅通。

（2）线缆布放

1）线缆规格、路由选择是否正确。

2）线缆的标号是否准确。

3）线缆拐弯处是否符合技术规范。

4）竖井的线槽、线固定是否规范。

5）是否存在裸线。

4. 室外光缆的布线

（1）架空布线

1）架设竖杆位置、距离是否符合标准。

2）吊线规格、垂度、高度是否符合要求。

3）卡挂钩的间隔是否符合要求。

（2）管道布线

1）使用的管孔、管孔位置是否合适。

2）线缆规格的选择。

3）光缆路由选择。

4）防护设施。

（3）挖沟布线（直埋）

1）光缆规格、铺设位置、深度是否符合要求。

2）防护设施是否适当。

3）回填时复原与夯实。

（4）隧道线缆布线

1）线缆规格的选择。

2）安装位置、路由。

3）设计是否符合规范。

5. 线缆终接的安装

1）线缆标识内容是否正确。

2）线缆中间是否有接头。

3）线缆终接处是否牢固。

4）是否符合设计与施工操作规程。

5.3.2　综合布线系统的测试

在布线工程完工后，依照相关的测试标准进行测试。由质量监理机构的专家和甲乙双方的技术专家组成联合检测组，对申请竣工的工程作出质量抽测计划，采用测试仪器与联机测试的双重标准进行科学的抽样检测，并给出权威性的测试结果和质量评审报告书，以此作为工程验收的质量依据标准，归入竣工文档资料中。

1. 测试标准

测试标准主要有《商业建筑物电信布线标准 EIA/TIA568B》、《建筑与建筑群综合布线系统工程验收规范》和《综合布线系统电气特性通用测试方法》。

2. 测试方式

网络工程施工完成后，要对系统进行两种测试：

1）线缆测试。采用公认的电缆测试仪对电缆的各项技术指标进行测试，包括连通性、串扰、回路电阻、信噪比等。

2）联机测试。选取若干个工作站，进行实际的联网测试。

上述测试提供完整的测试报告和标准。

3. 测试指标

（1）双绞线标准　对于双绞线，采用 FLUKEDSP-100 电缆测试仪对下列指标进行测试：

1）接线图。

2）特性阻抗：$80 \sim 120\Omega$。

3）电缆长度：$<100\text{m}$。

4）衰减：$< \pm 1.0\text{dB@}100\text{MHz}$。

5）近端串扰：$< \pm 1.6\text{dB@}100\text{MHz}$（信道模式）；

$< \pm 1.5\text{dB@}100\text{MHz}$（基本链接模式）。

6）远端串扰。

7）传输延时：$<1\text{ns}$。

（2）光缆标准　对于光缆，测试数据包括下列指标：

1）信号衰减：$<2.6\text{dB}(500\text{m},$ 波长 $1300\text{nm})$；

$<3.9\text{dB}(500\text{m},$ 波长 $850\text{nm})$。

2）光缆长度。

3）传输延时。

5.3.3　网络设备的清点与验收

1. 任务目标

根据设备订货清单清点到货设备，确保到货设备与订货清单完全一致。验货工作要求有条不紊，井然有序。

2. 先期准备

由网络项目负责人员在设备到货前根据订货清单填写《到货设备登记表》的相应栏目，以便于到货时进行核查、清点。《到货设备登记表》仅为方便工作而设定，所以不需任何人签字，只需由专人保管即可。

3. 开箱检查、清点、验收

一般情况下，设备厂商都提供一份装箱单，以设备厂商的清单为准。设备随机文档、质保单和说明书应妥善保存，软件和驱动程序应单独存放在安全的地方，由专人统一管理。

5.3.4　网络系统的初步验收

对于网络设备，其测试成功的标准如下：能够从网络中任一机器和设备(有 Ping 和 Telnet 能力)Ping 和 Telnet 通网络中其他任一机器或设备(有 Ping 和 Telnet 能力)。由于网络设备较多，不可能逐对进行测试，故可采用如下方式进行：

1）在每一个子网中随机选取两台机器或设备，进行 Ping 和 Telnet 测试。

2）对每一对子网测试连通性，即从两个子网中各选一台机器或设备进行 Ping 和 Telnet 测试。

3）测试中，Ping 测试每次发送数据包不应少于 300 个，Telnet 连通即可。Ping 测试的成功率在局域网内应达到 100%，在广域网内由于线路质量问题，视具体情况而定，一般不应低于 80%。

4）测试所得具体数据填入《初步验收测试报告》。

5.3.5 网络系统的试运行

从初步验收结束时刻起，整体网络系统进入为期三个月的试运行阶段，而且试运行时间长短由系统集成商、用户具体商定，但连续不间断试运行的时间不少于两个月。同时，所有已经完成的网络应用应同时开放，以测试网络运行的稳定性、响应时间等。试运行由系统集成商代表负责，用户和设备厂商密切协调配合。在试运行期间要完成以下任务：

1）监视系统运行状况。

2）网络基本应用系统测试。

3）可靠性测试。

4）下电—重启测试。

5）冗余模块测试。

6）安全性测试。

7）网络管理测试。

8）网络负载能力测试。

9）系统最忙时访问能力测试。

5.3.6 网络系统的最终验收

网络中的各种系统试运行满三个月或商定时间后，由用户对网络系统进行最终验收。最终验收的过程如下：

1）检查试运行期间的所有运行报告及各种测试数据。确定各项测试工作已做充分，所有遗留的问题都已解决。

2）验收测试。根据测试标准对整个网络系统进行抽样测试，并将测试结果填入《最终验收测试报告》。

3）用户与系统集成商签署《最终验收报告》，该报告后附《最终验收测试报告》。

4）将所有技术文档移交给用户，包括所有设备的详细配置参数、各种用户手册等。

5.3.7 网络系统的交接和维护

1. 网络系统交接

最终验收结束后开始交接过程。交换过程时间较长，系统集成商将全部技术资料以及系统移交给用户，同时留有专人在现场指导用户方管理人员，使用户方管理人员逐步熟悉系统，进而能够掌握、管理、维护系统。技术资料交接时间比较短，而系统交接的时间较长，一般是延续到维护阶段。

技术资料包括在网络系统组建过程中的全部文件和记录，至少提交如下资料：需求分析报告、网络总体设计报告、工程实施设计、系统配置文档、各个测试报告、系统维护手册（设备随机文档）、系统操作手册（设备随机文档）、应用系统操作规范和系统管理建议书等。

2. 网络系统维护

在网络系统交接之后，进入维护阶段。网络系统的维护工作贯穿系统的整个生命期，用户方的系统管理人员将要在此期间内逐步培养独立处理各种事件的能力。

在合同规定的质量保证期内，系统如果出现任何故障，包括硬件故障和软件故障，都应详细填写故障报告表，并报请系统集成商技术人员处理。

在合同规定的质量保证期之后，用户自己进行系统的维护，根据需求变化，用户可以进行系统的修改。为对系统的工作实施严格的质量保证，建议用户填写详细的系统运行记录和修改记录。

小结

项目管理是以项目为对象的系统管理方法，通过运用企业有限的资源，对项目进行高效率的计划、组织、指挥、协调、控制和评价，对项目进行全过程的动态管理和项目目标的综合协调优化，以实现顾客利益的最大化。

组建网络系统是一项投资较大的工程，它也是一类项目，因此必须采用项目管理的思想和方法来管理网络工程项目。

为保证网络工程的顺利进程，在项目管理时要建立保障体系，对网络工程中具体文档应当细化、明确。

在项目完成后，应当组成由集成商、用户和监理公司共同参加的权威验收组，对网络工程的各项目根据建设目标、国家标准进行验收，同时实现网络工程的转交。

[复习题]

1. 为什么要采用项目管理的方法对网络工程进行管理？
2. 项目管理过程有哪些组织机构？
3. 在网络工程验收时，验收组由哪几个部门组成？
4. 为什么要进行验收？

第6章　校园网络案例

随着现代化教学活动的开展以及与国内外教学机构交往的增多，学校对通过 Internet/Intranet 网络进行信息交流的需求越来越迫切。为促进教学、方便管理并进一步发挥学生的创造力，校园网络建设成为现代教育机构的必然选择。

本章以某学校校园网建设为例，介绍校园网的整体解决方案。首先，系统地介绍了用户的基本情况，分析了用户需求。然后，对综合布线、网络系统等进行了比较详细的设计，对系统软硬件给出了具体配置。最后，对工程的组织、实施、管理、验收及服务和培训都给出了详细方案。整个案例说明清晰、语言简练、可操作性强。

6.1　需求分析与网络建设目标

1. 项目概况

学校领导充分认识到 21 世纪将是网络信息化的时代，为了使学校的教育和管理工作能够适应新的挑战，具备长远的发展后劲，从战略高度提出了建设学校校园网的设想，将现代化数据通信手段和信息技术以及大量高附加值的信息基础设施引进校园，用以提高教育以及管理水平。

随着校园网的开通，多媒体教学、办公自动化、信息资源共享和交流方式多样化的实现，尤其是与中国教育和科研计算机网（CERNET）的连通，极大地丰富了学校的资源，为今后在激烈的教育市场竞争中取胜打下坚实的基础。

本设计方案是在《××学校校园网招标书——现状与需求分析》的基础上，结合学校的应用特点和实际需要，所完成的初步设计。

2. 需求分析

（1）项目依据　根据《××学校校园网招标书——现状与需求分析》中系统建设总体目标的要求和经费承受能力，在充分调研的基础上，结合目前技术的发展状态和发展方向，制订××学校校园网的整体设计方案。通过校园网的整体设计，希望确定校园网的技术框架，未来具体的建设内容则可以在整体设计的基础上不断扩展和增加。

（2）初步分析　××学校校园网络信息点与应用分布情况见表 6-1。

表 6-1　××学校校园网信息点与应用分布

建　筑　物	信息点数	主　要　应　用
实验楼	33	微机网络教室、课件制作、实验室、院办公室、网管中心、Internet 服务
综合楼	50	图书馆、电教室、VOD、Internet 服务
教学楼	60	教学、教务管理、Internet 服务
学生宿舍楼	36	Internet 服务、VOD
总务楼	18	后勤管理、Internet 服务
家属楼	160	Internet 服务
多功能厅	40	教学、会议、VOD、Internet 服务

3. 校园网建设总体目标

校园网建设的总体目标是运用网络信息技术的最新成果，建设高效实用的校园网络信息系统。具体地说，就是以校园网大楼综合布线为基础，建立高速、实用的校园网平台，为学校教师的教学研究、课件制作、教学演示，为学生的交互式学习、练习、考试和评价以及信息交流提供良好的网络环境，最终形成一个教育资源中心，并成为面向学校教学的先进计算机远程教育信息网络系统。

（1）第一期校园网建设目标　将先进的多媒体计算机技术首先运用于教学第一线，充分利用学校现有的基建设施，并对其进行改造及优化，把旧的计算机教室改造成为具有影像及声音同步传输、指定控制、示范教学、对话及辅导等现代化多媒体教学功能的教室，而多媒体课件制作系统软件可以使教师自行编辑课件及实现电子备课功能。第一期校园网设计内容包括：

1）建立学校教学办公的布线及网络系统。

2）建立多媒体教学资源中心和网络管理中心。

3）建立多媒体教室广播教学系统和视频点播。

4）实现教师制作课件及备课电子化。

5）接入 Internet 和 CERNET，以利用网上丰富的教学资源。

（2）第二期校园网建设目标　在第一期的基础上实施校园内全面联网，实现基于 Intranet 的校园办公自动化管理，充分利用网络进行课堂教学、教师备课，实现资料共享，集中管理信息发布，逐步实现教、学、考的全面数字化；建立学校网站，设计自己的主页，更方便地向外界展示学校；实现基于 Internet 的授权信息查询，开展远程网下教育和校际交流等。第二期校园网设计内容包括：

1）校园办公自动化系统。校园网需要运行一个较大型的校务管理系统（MIS 系统），建设几个大型数据库，如教务管理、学籍管理、人事管理、财务管理、图书情报管理及多媒体素材库等。这些数据库分布在各个不同的部门服务器上，并和中心服务器一起构成一个完整的分布式系统。MIS 系统需在这个分布式数据库上进行高速数据交换和信息互通。

2）校园网站。指在 Internet 上，建立学校自己的主页。

6.2　网络系统设计策略

1. 网络设计宗旨

关于校园网的建设，需要考虑到以下的一些因素：网络系统的先进程度、稳定性、可扩展性、维护成本，应用系统与网络系统的配合度，与外界互连网络的连通，建设成本的可接受程度。下面针对校园网建设提出一些建议。

1）选择高带宽的网络设计。校园网络应用的具体要求决定了采取高带宽网络的必然性。多媒体教学课件包含了大量的声音、图像和动画信息，需要更高的网络通信能力（网络通信带宽）的支持。

众所周知，早期基于 386 或 486 处理器的计算机由于内部的通信总线采用了 ISA 技术，与 10Mbit/s 的网络带宽是相互匹配的，即计算机的处理速度与网络的通信能力是相当的。但是，如果将目前已经成为主流的基于 Pentium Ⅳ 技术的计算机或服务器仍然连接到

10Mbit/s 的以太网络环境，Pentium CPU 的强大计算能力将受到 10Mbit/s 网络带宽的制约，即网络将成为校园网络系统的瓶颈。这是因为，基于 Pentium CPU 的计算机或服务器，其内部通信总路线采用的是先进的 PCI 技术。显然，只有带宽为 100Mbit/s 的快速以太网络技术才能满足采用奔腾 CPU 的计算机和服务联网的需求。

总结上述分析，校园网络应尽可能地采用最新的高带宽网络技术。对于台式计算机建议采用 10/100Mbit/s 自适应网卡，因为目前市场上的主流计算机型很大一部分已经是基于 Pentium Ⅲ 处理器了。而对于校园网络的主服务器，比如数据库服务器，文件服务器以及 Web 服务器等，在有条件的情况下最好采用 1000Mbit/s（千兆以太网络技术）的网络连接，为网络的核心服务器提供更高的网络带宽。

2）选择可扩充的网络架构。校园网络的用户数量、联网的计算机或服务器的数量是逐步增加的，网络技术也日新月异，新产品技术不断涌现。校园网络建立在资金相对紧张的前提下，建议尽量采用当今最新的网络技术，并且要分步实施，即校园网络的建设应该是一个循序渐进的过程。这就要求要选择具有良好可扩充性能的网络互连设备，这样才能充分保护现有的投资。

3）充分共享网络资源。联网的核心目的是共享计算机资源。通过网络不仅可以实现文件、数据共享，还可以实现对一些网络外围设备的共享，比如打印机共享、Internet 访问共享、存储设备共享等。对于一个多媒体教室的网络应用，完全可以通过有关设备实现网络打印资源共享、Internet 访问和电子邮件共享以及网络存储资源共享。

4）网络的可管理性，降低网络运行及维护成本。降低网络运营和维护成本也是在网络设计过程中应该考虑的一个重要环节。只有在网络设计时选用支持网络管理的相关设备，才能为将来降低网络运行及维护成本打下坚实的基础。

5）网络系统与应用系统的整合程度。校园网络的建设应当与多媒体教室（纯软件版本）、课件制作系统、试题编制系统、自动出题系统、网络考试系统、学籍管理系统、图书馆系统、图书资料管理系统、排课系统、教务管理系统、电子白板系统、教育论坛、教师档案管理、校长办公系统、VOD 系统等应用软件相紧密结合，以满足学校在校园网信息化建设方面的需求，而且还能根据客户的需求对相应的软件系统做进一步的开发。

软件系统应建立在网络的基础上，并大量引入 Internet/Intranet 的概念，与硬件平台能完善地整合，并在技术上具有独到之处。

6）网络建设成本的可接受程度。考虑到目前我国的实际情况，很多学校在校园网的建设方面希望成本较低，为此，应当选用性价比高的网络产品，并根据学校不同的需求定制各种方案。

2. 网络建设目标

1）紧密结合实际，以服务教育为中心。××学校的主要工作都是围绕教育进行的，因此建立校园网就要确立以教育为中心的思想，不仅提供教育、管理所必须的通信支撑，同时还开发重点教学应用。

2）以方便、灵活的可扩展平台为基础。可扩展性是适应未来发展的根本，××学校校园网要分期实施，其扩展性主要表现在网络的可扩展性、服务的可扩展性方面。所有这些必须建立在方便、灵活的可扩展平台的基础上。

3）技术先进，适应发展潮流，遵循业界标准和规范。××学校校园网是一个复杂的多应用的系统，必须保证技术在一定时期内的先进性，同时遵循严格的标准化规范。

4）系统易于管理和维护。××学校校园网所面对的是大量的具有不同需求的用户，同时未来校园网将成为全学校信息化的基础，因此必须保证网络平台及服务平台上的各种系统安全可靠、易于管理、易于维护。

6.3　网络系统设计方案

6.3.1　网络系统集成的内容

（1）网络基础平台　网络基础平台是提供计算机网络通信的物理线路基础。对于××学校而言，应包括骨干光缆铺设、楼内综合布线系统以及拨号线路的申请与提供。

综合布线是信息网络的基础。它主要是针对建筑的计算机与通信的需求而设计的，具体是指在建筑物内和在各个建筑物之间布设的物理介质传输网络，通过这个网络实现不同类型的信息传输。国际电子工业协会及我国标准化组织已制定并提出了规范化的布线标准。所有符合这些标准的布线系统，应对所有应用系统开放，不仅完全满足当时的信息通信需要，而且对未来的发展有着极强的灵活性和可扩展性。

计算机网络的应用已经深入社会生活的各个方面。当计算机网络的可靠性得不到保障时，所造成的损失无法计算。根据统计资料，在计算机网络的诸多环节中，其物理连接的故障率最高，约占整个网络故障的 70% ~ 80% 。因此，有效地提高网络连接的可靠性是解决网络安全的一个重要环节，而综合布线系统就是针对网络中存在的各种问题设计的。

综合布线系统可以根据设备的应用情况来调整内部跳线和互连机制，达到为不同设备服务的目的。网络的星形拓扑结构使一个网络节点的故障不会影响到其他的节点。综合布局系统以其仅占总建筑费用 5% 的投资获得未来 50 年的各类信息传输平台的优越投资组合，获得了具有长远战略眼光的各界业主的关注。

（2）网络平台　在网络基础平台的基础上，建设支撑校园网数据传输的计算机网络，这是××学校校园网建设的核心。网络平台应当提供便于扩展、易于管理、可靠性高、性价比好的网络系统。

（3）Internet/Intranet 基础环境　TCP/IP 已经成为现代数据通信的基础技术，而基于TCP/IP 的 Internet/Intranet 技术成为校园网应用的标准模式，采用这种模式可以为未来应用的可扩展性和可移植性奠定基础。Internet/Intranet 基础环境要提供基于 TCP/IP 的整个数据交换的逻辑支撑，它的好坏直接影响到管理、使用的方便性以及扩展的可行性。

（4）应用信息平台　为整个校园网提供统一简便的开发和应用环境、信息交互和搜索平台，如数据库系统、公用的流程管理、数据交换等，这些都是不同的专有应用系统中具有共性的部分。将这些功能抽取出来，不仅减少了软件的重复开发，而且有助于数据和信息的统一管理，有助于利用信息技术逐步推动现代化管理的形成。

拥有统一的应用信息平台，是保证校园网长期稳定的重要核心。

（5）专有应用系统　包括多媒体教学、办公自动化、VOD 视频点播和组播、课件制作管理、图书馆系统等。是看得见、摸得着的具体应用。

6.3.2 网络基础平台——综合布线系统

1. 综合布线系统的设计思想

为适应××学校的未来发展，满足校园网的需要，其综合布线系统要求是一个具有如下特征的典型系统：

（1）传输信息类型的完备性　具有传输语音、数据、图像、视频信号等多种类型信息的能力。

（2）介质传输速率的高效性　具有满足千兆以太网（Gigabits Ethernet）和百兆快速以太网的数据吞吐能力，并且要充分设计冗余。

（3）系统的独立性和开放性　能够满足不同厂商设备的接入要求，能提供一个开放的、兼容性强的系统环境能力。

（4）系统的灵活性和可扩展性　系统应用模块化设计，各个系统之间均为模块式连接，能够方便而快速地实现系统扩展和应用变更。

（5）系统的可靠性和经济性　结构化的整体设计保证系统在一定的投资规模下具有最高的利用率，使先进性、实用性、经济性等几方面得到统一；同时，完全执行国际和国家标准设计和安装，为系统的质量提供了可靠的保障，最少保证在未来 5 年内的稳定性。

2. 综合布线设计依据

《TIA/EIA—586 标准》（《Commercial Building Telecommuications Wiring Standard》）

《TIA/EIA—589 标准》（《Pathways And Spaces Standard》）

《AMP NETCONNECT OPEN CABLING SYSTEM 设计总则》

《CECS72:79 建筑与建筑综合布线系统工程设计规范》

《CECS89:97 建筑与建筑综合布线系统工程施工和验收规范》

《电信网光纤数字传输系统工程实施及验收暂行技术规定》

3. 骨干光缆工程

需要设计并铺设从实验楼（网络中心位置）到校园内其他楼宇（共 6 座楼）的骨干光缆系统，要求光缆的数量、类型能够满足目前网络设计的要求，最好能够兼顾到未来可能的发展趋势，留出适当合理的余量。

另外，由于网络技术路线决定采用千兆以太网，那么根据千兆以太网的规范对骨干光缆工程的材料选择提出了要求。目前千兆以太网都采用光纤连接，有 SX 和 LX 两种类型。SX 采用 62.5μm 内径的多模光纤，传输距离超过 275m；LX 采用 62.5μm 内径的单模光纤，传输距离 3km。如有楼宇到实验楼的距离超过 275m，则必须采用单模光缆铺设（单模光端口费用高昂）。同时，为了提高网络的可靠性能并兼顾今后的发展，光缆芯数均采用 6 芯。本方案中目前只使用多模光纤，未来有需要的话，可以调整为使用单模光纤。

另外，由于××学校没有地下管孔，为了长久的发展，校园网骨干光缆工程还包括了地下管孔建设。工程内容包括道路开挖、管孔建设、人孔建设、土方回填、光缆牵引入楼、光缆端接和测试等。

4. 楼宇内布线系统

参照国际布线标准，××学校楼宇内布线系统采用物理星形拓扑结构，即每个工作站点通过传输媒介分别直接连入各个区域的管理子系统的配线间，这样可以保证当一个站点出现故障时，不影响整个系统的运行。

（1）楼内垂直干线系统　结合网络设计方案的要求，主要考虑网络是高速的速率传输，以及工作站点到交换机之间的实际路由距离及信息点数量，校园内大多数建筑物可以采用一个配线间，这样就可以省去了楼内垂直系统。

（2）水平布线系统　为满足 100Mbit/s 以上的传输速率和未来多种应用系统的需要，水平布线全部采用超 5 类非屏蔽双绞线。信息插座和接插件选用美国知名原产厂家产品，水平干线铺设在吊顶内，并应在各层的承重墙或楼顶板上进行，不明露的部分的采用镀锌金属线槽；进入房间的支线设计为采用塑料线槽，管槽安装要符合电信安装标准。

（3）工作区子系统　工作区子系统提供从水平子系统的信息插座到用户工作站设备之间的连接，它包括工作站连线（Station mounting cord）、适配器和扩展线等。××学校校园布线系统水平布线系统全部为双绞线，为了保证质量，最好采用成品线，但为了节约费用，也可以用户自己手工制作 RJ-45 跳线。

6.3.3　网络平台

1. 网络平台设计思想

网络平台为××学校校园网提供数据通信基础。通过实地调研，××学校的网络平台设计应当遵从以下原则：

1）开放性。在网络结构上真正实现开放，基于国际开放式标准，坚持统一规范的原则，从而为未来的业务发展奠定的基础。

2）先进性。采用先进成熟的技术满足当前的业务需求，使业务或生产系统具有较强的运作能力。

3）投资保护。尽可能保留并延长已有系统的投资，减少以往在资金和技术投入方面的浪费。

4）高性能价格比。比较高的性能价格比构建系统，使投入资金的产出达到最大值，能以较低的成本、较少的人员投入来维持系统运转，提供高效率、高生产能力。

5）灵活性与可扩展性。具有良好的扩展性，能够根据管理要求，方便扩展网络覆盖范围、网络容量和网络各层次节点的功能。提供技术升级、设备更新的灵活性，尤其是网络平台应能够适应××学校部门搬迁等应用环境变化的要求。

6）高带宽。××学校的网络系统应能够支撑其教学、办公系统的应用和 VOD 系统，要求网络具有较高的带宽。同时，高速的网络也是目前网络应用发展趋势的需要。越来越多的应用系统将依赖网络而运行，应用系统对网络的要求也越来越高，这些都要求网络必须是一个高速的网络。

7）可靠性。该网络将支撑××学校的许多关键教学和管理应用的联机运行，因而要求系统具有较高的可靠性。全系统的可靠性主要体现在网络设备的可靠性，尤其是 GBE 主干交换机的可靠性，以及线路的可靠性。如果经费允许，可以采用双线路、双模块等方法来提高整个系统冗余性，避免单点故障，以达到提高网络可靠性的目的。

2. 网络平台技术路线选择——主干网技术分析比较

六、七年前，计算机应用的结构还以主机为核心，而今天，以客户机/服务、浏览器/服务器为模式的分布式计算机结构使网络成为信息处理的中枢神经。同时，随着 CPU 处理速度的提高以及 PCI 总线的使用，PC 机已具备 166Mbit/s 的传输速率。所有这些都对网络带宽提出了更高的要求，这种需求促进了网络技术的繁荣和飞速发展。今天有许多 100Mbit/s 以上的传输技术可以选择，如 100Base-T，100VG-AnyLAN，FDDI，ATM 等，究竟哪一种最适合××学校网络平台的需要？为搞清楚这个问题，先看一下几种主干网技术的特征。

（1）FDDI　FDDI 在 100Mbit/s 传输技术上最成熟，但其销量增长最平缓。它的高性能优势被昂贵的价格相抵消，其优点如下：

1）令牌传递模式和一些带宽分配的优先机制使它可以适应一部分多媒体通信的需求。

2）双环及双连接等优秀的容错技术。

3）网络可延伸达 200km，支持 500 个工作站。

但是，FDDI 也有如下许多缺点：

1）居高不下的价格限制了它走向桌面的应用，无论安装和管理都不简单。

2）基于带宽共享的传输技术从本质上限制了大量多媒体通信同时进行的可能性。

3）交换式产品虽然可以实现，但成本无法接受。

（2）交换式快速以太网（100 Base-FX）　其区别于传统的以太网的两个特征是：在网络传输速率上由 10Mbit/s 提高到 100Mbit/s，并将传统的采用共享的方案改造成交换传输。在共享型通信中，同一时刻只能有一对机器通信，交换型则可以有多对机器同时进行通信。

由于在这两个方面的改进，使以太网的通信能力大大增加，而在技术上的实际改进不大，因为快速交换以太网和传统以太网采用了基本相同的通信标准。

100 Base-FX 快速以太网技术采用光缆作为传输介质，以其经济和高效的特点成为平滑升级到千兆以太网或 ATM 结构的较好过渡方案。它保留了 10Base-T 的布线规则和 CSMD/CD 媒质访问方式，具有以下特点：

1）从传统 10Base-T 以太网的升级较容易，投资少，与现有以太网的集成也很简单。

2）工业支持强，竞争激烈，使产品价格相对较低。

3）安装和配置简单，现有的管理工具依然可用。

4）支持交换方式，有全双工 200Mbit/s 方式通信的产品。

其缺点有以下几点：

1）多媒体的应用质量不理想。

2）基于碰撞检测原理的总线竞争方式使 100Mbit/s 的带宽在通信量增大时损失很快。

（3）ATM　ATM 自诞生之日起有过很多名字，如异步分时复用、快速分组交换、宽带 ISDN 等。其设计目标是单一网络的多种应用，在公用网、广域网、局域网上采用相同的技术。ATM 产品可以分为四个领域：一是针对电信服务商的广域网访问；二是广域网主干；三是局域网主干；四是 ATM 到桌面。ATM 用于局域主干和桌面的产品的主要标准都已经建立，各个厂商都推出了相应的产品。

ATM 目前还存在一些不足，如协议较为复杂，部分标准尚在统一和完善之中；另外价格较高，与传统通信协议如 SNA、DECNET、NetWare 等的互操作能力有限。因此，目前 ATM 主要应用在主干网上，工作站与服务器之间的通信通过局域网仿真来实现。

目前，随着 Internet 的发展，IP 技术已经成为一种事实的工业标准，这已经成为一种公认的事实。但是在 ATM 技术上架构 IP，需要采用 LANE 或 MPOA 技术，这使得技术上比较复杂，管理非常麻烦，同时使得 ATM 的效率大打折扣，性价比较差。

（4）千兆以太网　1000Base-X 千兆以太网技术也是继承了传统以太网的技术特性，因此除了传输速率有明显提高外，诸如服务的优先级、多媒体支持等能力也都出台了相应的标准，如 802.3x、802.1p、802.1q 等。同时，各个厂商的千兆以太网产品逐步形成了许多大型的用户群，在实践中得到了验证。

另外，千兆以太网在技术上与传统以太网相似，与 IP 技术能够很好地融合。在 IP 为主的网络中以太网的劣势几乎变得微不足道，其优势却非常突出，例如容易管理和配置，同时支持 VLAN 的 IEEE802.1q 标准已经形成。支持 QoS 的 IEEE802.1p 也已形成，支持多媒体传输有了保证。另外在三层交换技术的支持下，能够保持很高的效率，目前已经基本上公认为局域网骨干的主要技术。

综上所述，局域网的主干技术的出现与发展也是有时间区别，依出现的先后，局域网主干技术经历了共享以太网（令牌环网）、FDDI、交换以太网、快速以太网、ATM 和千兆以太网。

根据以上对各种网络技术特点的分析以及××学校校园网的特点，设计时在××学校的网络平台主干采用千兆以太网技术。

3. 二级网络技术选择

××学校校园网采用两层结构，即只有接入层，没有分布层。因此，设计××学校二级单位网络为快速以太网络＋交换以太网的结构，各二级网络通过千兆以太网连接骨干核心交换机，向下通过 10/100Mbit/s 自适应线路连接各个信息点。

6.3.4　网络设备选型

1. 选型策略

主要从以下几点出发考虑设备的选型问题：

1）尽量选取同一厂家的设备，这样在设备可互连性、技术支持、价格等各方面都有优势。

2）在网络的层次结构中，主干设备选择应预留一定的能力，以便于将来扩展；而低端设备则够用即可，因为低端设备更新较快，且易于扩展。

3）选择的设备要满足用户的需要，主要是要符合整体网络设计的要求以及实际端口数的要求。

4）选择名牌设备厂商，以获得性能价格比较更优的设备以及更好的售后保证。

2. 网络设备选择

如前所述，网络技术路线已经选择千兆以太网。目前来讲，千兆以太网的生产制造厂商很多，如传统的 Cisco、3Com、Bay，新兴的 FoundryNet、Exetrem、Lucent 等。显然，Cisco 公司的产品是所有网络集成商中的首选，这是因为 Cisco 技术先进、产品质量可靠，又有过硬的技术支持队伍。但由于费用无法支持，因此本例选用了性价比较高的 3Com 公司的产品。

（1）核心交换机　选用 3Com SuperStack Ⅱ Switch 9300 12 端口 SX（产品号：3C93012），其性能与同类产品的比较见表 6-2。

（2）接入层交换机　对于二级网络的设备，选用 3Com SuperStack Ⅱ Switch 3900 36 端口（3C39036）或 3Com SuperStack Ⅱ Switch 3900 24 端口（3C39024），这两款均可提供 1 ~ 2 路

1000BASE-SX 光纤链路上连。

表 6-2　各种交换机比较

厂商 数据包/s	3Com	Bay	Foundry	Extreme
产品名称	SuperStack Ⅱ Switch 9300	Accelar 1200	Turbolron Switch	Simmit 1
端口数	12	12	6	8
交换性能(数据包/s)	780 万	700 万	700 万	1150 万
内部交换机互连	25.6Gbit/s	15Gbit/s	4Gbit/s	17.5Gbit/s
中继端口数	4 组, 每组 6 个	4 组, 每组 4 个	1 组, 每组 2 个	2 组, 每组 2 个
支持 RMON(7 类)	√	×	×	×
支持的 MAC 地址数	16000	24000	32000	12800
支持 VLAN	√	√	√	√
Web 管理	√	√	×	×

6.3.5　网络方案描述

××学校校园网络方案由骨干网方案和各楼或楼群网络方案组成，下面作一些简单地介绍。

1. 星形结构骨干网

经过反复论证，骨干网结构设计为星形结构。星形骨干网由 1 台 3Com SuperStack Ⅱ Switch 9300 交换机组成，它提供 12 个 GE 接口。各楼分布层交换机 3Com SuperStack Ⅱ Switch 3900 则至少有 1 个 SuperStack Ⅱ Switch 3900 10000BASE-SX 模块(3C39001)，分别连接到核心交换机的 GE 端口上；网络中心配置一台 SuperStack Ⅱ Switch 3900 交换机连接实验楼的 33 个信息点。核心交换机除连接 6 个楼的分布层交换机外，剩下的 6 个 GE 接口，既可供将来扩充网络，还可供安装千兆网卡的服务器，以供给猝发式高带宽应用(如 VOD)来使用。安装百兆网卡的服务器可以连接到网络中心 SuperStack Ⅱ Switch 3900 交换机的 10/100Mbit/s 自适应口上。

2. 楼宇内接入网络

××学校校园内直接用 GE 连到网络中心(实验楼)的楼宇包括：综合楼、教学楼、学生宿舍楼、总务楼、家属楼、多功能厅等。各个楼内根据信息点的数量采用相应规格的 Super-Stack Ⅱ Switch 3900 交换机，其中学生宿舍楼使用两套 24 口交换机，多功能厅使用 1 套 24 口交换机，其余使用 2 套 36 口交换机。楼内设备间均采用背板堆叠方式互连，每个 3900 交换机提供 24 ~ 36 个 10/100Mbit/s 的端口到桌面。

3. 远程接入网络

通过租用电信的 10Mbit/s 光缆与 CERNET 相连。光缆直接与校园内路由器连接，路由器除提供路由服务外，还可控制网络风暴，设置防火墙抵御黑客袭击等。

4. 网络管理

××学校校园内网络设备管理选用 3Com Transcend for Windows，运行在 Windows 2000 Server 平台上。它使用国际流行的 HP Open View 网管平台。同时，由于网络设备采用 3Com 一家的产品，它能够完成几乎所有的 LAN 网络管理任务，如配置报警、监控等。

5. VLAN 的配置

本方案中选用的所有交换设备包括接入层设备都支持 VLAN 的划分，如图 6-1 所示。

划分 VLAN 的好处是在网络内部设置屏障，避免敏感信息的扩散，在信息的安全保密方面也起到很大的作用。××学校的某些部门(如校办公室、财务处)是相当独立的，有些网络应用将在部门内部完成，适合 VLAN 的使用。

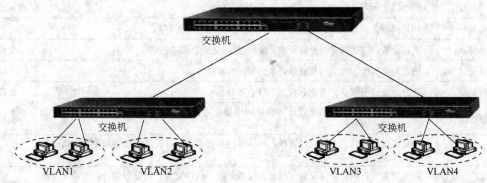

图 6-1　VLAN 划分示意图

6.3.6　网络应用平台

××学校校园网络应当也必须按照国内外流行的开放式网络互连应用方式来构造自己的网络应用平台，并采用 TCP/IP 来规划和分割网络，将以教学为核心的应用软件和管理软件建立在统一的 Internet/Intranet 平台基础上。

1. 硬件服务器的选择与配置

××学校校园网络必须保证内部与外部(CERNET)的沟通。本方案采用针对 WWW 站点和 E-mail 服务、信息资源共享、文件服务(FTP)以及今后的 VOD/组播服务来配置服务器的策略，具体配置见表 6-3。

表 6-3　硬件服务器配置

序　号	服务器用途	配　　置
1	DB、Web、E-mail、FTP	曙光天阔 PⅢ800CPU，512MB RAM，18GB HD
2	VOD/组播	曙光天阔 PⅢ800CPU×2，512MB RAM，36GB HD×3 RAID
3	图书馆服务与业务管理	曙光天阔 PⅢ800CPU，256MB RAM，18GB HD

2. 软件环境配置

软件环境是搭建网络基础应用平台的必要配置，包括服务器操作系统、数据库系统以及 Internet 应用服务器平台等，见表 6-4。

表 6-4　软件服务系统配置

序号	服务器软件平台	序号	服务器软件平台
1	网络操作系统：Microsoft Windows NT Server 4.0 SP5	3	Web 服务：Microsoft Internet Information Server 4.0
2	数据库(DB)管理系统：Microsoft SQL Server 7.0	4	POP(E-mail)服务：Microsoft Exchange Server 5.0

6.4 工程进度表

××学校校园网的整体工程建设进度见表6-5。

表6-5 工程进度表

阶 段	工 作 内 容	时间进度
初步调研	用户调查，项目调研，系统规划	1 周
需求分析	现状分析，功能需求，性能要求，成本/效益分析，需求报告	2 周
初步设计	确定网络规模，建立网络模型，拿出初步方案	1 周
详细调研	用户详细情况调查，系统分析，用户业务分析	2 周
系统详细设计	网络协议体系确定，拓扑设计，选择网络操作系统，选定通信媒介，结构化布线设计，确定详细方案	1 周
系统集成设计	计算机系统设计，系统软件选择，网络最终方案确定，硬件选型设备和配置，确定系统集成详细方案	2 周
应用系统设计	设备定货，软件定货，安装前检查，设备验收，软件安装，网络分调，应用系统开发安装，调试，系统联调，系统验收	6 周
系统维护和服务	系统培训，网络培训，应用系统培训，预防性维护故障问题处理	3 周

6.5 售后服务及培训

售后服务包括为××学校网络系统提供全面的技术服务和技术培训，对系统竣工后的质量保证提供完善的措施。

1. 售后服务

1）对综合布线系统提供三年免费保修和设备质量保证，同时提供扩展需要的技术咨询服务。

2）所有的3Com网络设备提供一年的免费保修。

3）半年内，保证系统软件的正常运行和维护。

4）保证应用系统达到设计书的全部要求，并能正常运行。如发现问题，尽快改进完善。

2. 技术培训

在教学网络工程完成后，为学校培训1名系统管理员和1名数据库管理员。并对学校的领导、教师和工作人员进行培训，充分发挥网络系统的作用。

小结

本章以某学校校园网为例，对计算机校园网的组建和软件应用进行了分析，具体、全面地对从建立校园网的原因到校园网的应用相关知识进行了介绍说明。通过对本案例的分析，读者可以初步掌握建立网络的过程，尤其是校园网络建立的步骤。

第7章 企业网络案例

随着计算机技术与网络技术不断发展，越来越多的企业组建了自己的网络，部分大型企业还包括了广域网的建设。本案例选择了一个大型金融企业网络扩建方案，其中包括局域网、广域网、主机系统、网络安全、数据备份、机房建设等方面的设计，对于读者组建广域网有一定帮助。

7.1 网络建设目标与需求分析

7.1.1 企业基本情况与总体设计目标

××金融集团总部是集团投资银行总部、资产管理总部、证券投资总部、研发中心等业务总部日常办公所在地以及计算机中心。为配合业务的开展，要求建设一个快速、安全、可靠的网络系统平台。其中，行政办公信息点数量为 300 个，机房信息点总数为 250 个。从业务部门的角度来看，要满足以下几个系统的运行需要：

1）资产管理及证券投资业务系统（包括行情系统、交易系统）。

2）证券信息研发系统（实验机房等）。

3）服务器性能与系统监控。

4）弱电防雷建设。

5）与其他各营业部可靠连接、备份。

其中，证券交易系统报盘数据经由本地营业部或直接通过双向卫星发往交易所。

本方案建议书主要包括以下几方面的内容：

1）总部局域网设计建设。

2）总部广域网设计建设。

3）总部主机系统。

4）数据备份系统。

5）信息监控系统。

6）弱电防雷系统。

7）机柜、机架及布线。

系统设计以满足××金融集团总部目前及未来业务发展和管理为设计目标，整个系统设计以总部局域网设计、数据备份系统、网络安全设计和系统冗余设计为整个系统设计的重点。

网络建成后，将达到以下目的：

1）技术先进性，使用技术在今后的 3 至 5 年内不落后，符合信息技术的发展方向。

2）满足中国证券业电子化、网络化、智能化、集中式发展趋势的要求。

3）重点建设好网络通信基础设施平台，为上层业务系统提供良好的底层支持。

7.1.2 应用系统的分析

××金融集团在全国有三十多家营业部，总部负有统一管理、资讯研发的责任。总部预计信息点数比较多，其网络涉及多个子系统：例如财务系统、交易系统、行政办公自动化（OA）系统、Internet 系统等。

网络的体系结构要能支持以 OA 及业务数据流为主的应用，系统能够实现资源共享和信息流的无阻塞通畅流转，包括文件传输、Web 访问、邮件传输、行情查询以及内部 Intranet/Extranet 应用等，同时为将来的 VoIP、VOD、视频会议等应用需求做好可升级的准备。因此，所采用设备必须支持 TCP/IP、SPX/IPX 以及支持各种路由协议，同时支持 IP Multicast、QoS、RSVP 等局域网和广域网多媒体应用技术，并提供足够的带宽以实现 OA、业务数据流与多媒体应用。

因此，网络设备选择要能够满足企业级应用，同时主干交换机不但能够满足目前的应用，还要能够对应将来系统扩充保持一定的扩容能力，以及适当的灵活性，以便于网络扩容和增加新的功能。

由于××金融集团总部网络系统已经建设好，这一次是搬家并改建，网络系统需要平滑迁移，建议如下：

1）在保持原总部系统运行的情况下建设新总部，并将部分业务部门迁移到新总部。保留计算机部的主要设备在原有总部运行，如广域网接入部分。主要功能服务器等保留在原总部，但将 ISDN 拨号备份部分迁移到新总部。

2）新总部除计算机部外其他功能齐全，在系统稳定运行一段时间后，将计算机部的设备逐步迁移到新总部，直到所有设备都迁移到新总部，原有总部停止运行，并将广域网接入设备一次迁移到新总部。

3）在系统并行运行时新总部和原有总部间建立宽带连接或高速专线连接，保证所有的业务系统正常运行。

4）在广域网接入设备迁移到新总部时可以预先将电信部门的光纤接好，最终迁移时只要将光纤分配器、路由器等设备迁移到新总部，实现对营业部透明迁移。

5）网上交易部分，深圳、上海卫星与委托接收系统、法人清算系统等逐步迁移到新总部。

6）其他如信息处理系统、办公、财务的服务器一次性迁移到新总部机房。

7.1.3 需求分析

1. 网络拓扑结构需求

网络拓扑结构要满足通信的要求：满足业务和办公系统的数据通信，采用适当的网络通信技术使得网络逻辑易于收敛，并使得快速完成业务数据流的通信。

网络拓扑结构要满足网络管理的要求：在整个网络系统中易于管理所有设备，结构清晰，便于扩展。

网络拓扑结构要满足网络稳定性的要求：在整个网络系统中尽量避免单点故障，不会因为某个设备的损坏导致整个网络瘫痪。

××金融集团总部网络系统应采用千兆网络主干，百兆交换到桌面。由于总部存在多个应用需求，所以保证各应用系统稳定快速运行是完成网络设计建设的重点。

　　××金融集团在全国十几个省、自治区和直辖市分布有营业部，营业部所在城市分布比较分散，在部分城市有多个营业部。整个网络结构要满足分散交易、网络通信、网络管理、系统冗余等要求。

　　网络系统对通信系统的要求主要是能够满足 IP 多业务网络平台系统的数据通信，采用适当的网络通信技术使得网络逻辑拓扑收敛快速，而且数据通信更快达到目的站点完成任务请求。

　　网络系统冗余主要是从提供服务到完成服务的整个端到端实现系统级冗余，在广域网结构的冗余主要是网络设备和链路的冗余。

　　网络拓扑结构要满足网络管理的要求，在带宽许可的情况下能够管理到广域网的所有设备，或采用分布式管理所有网络设备。

　　广域网拓扑结构可以采用单点辐射状、双节点冗余连接辐射状或者多主干节点冗余连接。其中，第一种结构存在单点故障隐患，中心节点失败会导致整个系统的停止服务，在证券系统停止服务是非常可怕的，因此不建议使用；对于第二种结构主干节点使用双重节点，可以提供相互备份冗余服务，投资适中；第三种结构完美，但是投资过大，不建议在初期投资建设中采用。因此，建议采用双主干节点建设××证券 IP 多业务网络平台系统广域网拓扑结构，比如在北京和上海分别建立数据中心和数据备份中心，提供整个多服务平台的中心和备份中心，提供集中服务。

　　网络系统链路冗余可以采用双链路结构，所有营业部都用专线与总部连接，ISDN 作为备份线路，另外用一条 ISDN 与备份中心连接。

2. 计算机系统安全需求

　　由于总部存在多个业务子系统，有些业务是相对保密并极为重要的，比如财务系统，不能因为办公网的故障(误操作、病毒、非法入侵等)而造成数据损失或篡改。因此，需要在两个子系统之间进行有效的隔离，必须保证各子系统之间的通信是灵活、高效而又受到控制的。

3. 网络管理需求

　　网络管理的目的在于提供一种对计算机网络进行规划设计、操作运行、管理、监视、分析、控制、评估和扩展等手段，从而以合理的代价组织和利用系统资源，提供正常、安全、可靠、有效、充分、用户友好的服务。

　　网络管理系统应满足以下要求：

　　1）网络管理系统应具有同时支持网络监视和控制两方面的能力。网络监视功能是为了掌握当前运行状态，而网络控制功能是采取措施影响网络的运行。

　　2）尽可能大的管理范围。不仅能管理点到点的网络通信，还应管理端到端的网络通信；不仅管理基本的网络设备，还应该管理应用层的功能。

　　3）尽可能小的系统开销。管理尽可能多的协议层和尽可能大的范围是以增大系统开销为代价的，应该根据实际情况对网络管理的范围和所需的系统开销进行统一、合理的分配和选择。

　　4）容纳不同的网络管理系统。尽可能容纳不同的网络管理功能，形成全网统一的管理和运行机制的集中式网络管理系统是十分重要的。

7.2 设计原则

××金融集团总部网络系统应根据以下原则进行设计：

（1）实用性 在考虑整体网络设计时，尽量从经济实用的角度进行考虑。

（2）先进性 设计立足于先进技术。采用最新科技，以适应业务数据流传输以及多媒体信息的传输，使整个系统在国内三到五年内保持领先的水平，并具有长足的发展能力，以适应未来网络技术的发展。使用主流网络产品保证用户投资。

（3）可靠性 整个网络方案选用高可靠性的网络设备，并在设计上从物理层、链路层到网络层均采用备份冗余式的设计，保证了网络的可靠性。

（4）网络安全性 通过使用适当的安全技术实现从应用到底层系统整体安全，使系统达到端到端的安全，保证各系统之间的安全访问。

（5）易于管理和维护 该网络系统应该易于管理，通过网络管理工具，可以方便地监控网络运行情况，对出现的问题及时解决，对网络系统进行及时的优化。另外，网络的设计应采用简单易用的网络技术，降低运行维护的费用。

（6）支持多媒体 如今的网络应用越来越多的是语音、图像等多媒体应用。多媒体应用对服务质量有很高的要求，如带宽、延迟及其变化等等。需要利用 IP QoS、IP Multicast 等技术来保证多媒体服务。

（7）符合国际标准 网络设计应采用国际标准的技术和符合标准的设备，这样才便于对投资的保护。

（8）可扩展性 网络设计不仅要满足当前的需求，还要为将来的扩展留有余地，保护用户投资。当系统业务扩展时，可方便实现系统扩展。

（9）高性能 为了适应业务迅速增长的需要，设计时应考虑网络带宽，性能不仅要适应现在的需要，还要满足未来几年的数据量的要求，同时要满足系统功能的扩充。

（10）可管理性 系统可以以控制台方式实现对系统各资源的监控，可实现资产管理及对各种相应服务器、性能的监控。

7.3 局域网设计方案

7.3.1 局域网拓扑结构

中心选用两台 Cisco Catalyst 6509 交换机实现骨干千兆交换，同时提供二级交换机和服务器以及其他关键设备的连接。二级交换机使用 Catalyst 2950 系列交换机。

对于总部网络系统的管理一般涉及到网络设备管理、网络用户、资源管理。网络管理建议使用 Cisco Works 2000。

该网络的局域网拓扑图如图 7-1 所示。

对于设备配置选择如下：

1）选用两台 Catalyst 6509 为中心交换机，提供高速千兆交换，6509 配置双电源，配置

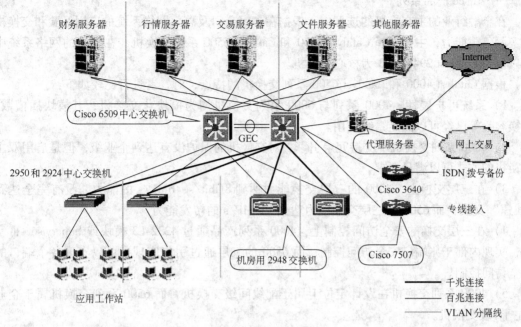

图 7-1 局域网拓扑图

一块 48 口 10/100Mbit/s 二级交换机连接，再配置一块 16 口 GBIC 千兆模块作为服务器和二级千兆交换机连接使用。

2）6509 的引擎三层交换功能为 VLAN 间路由使用，同时使用 HSRP 技术，保证任一主交换机出现问题，所有服务器和在线工作站可继续工作。

3）所有的子网网关都设置在 6509 引擎三层模块的内置千兆端口。千兆端口配置 TRUNK，同时使用 Cisco 子接口技术，给所有 VLAN 提供网关。

4）使用 ACL 控制功能实现不同 VLAN 间的定向访问，如其他子网不可以访问财务子网，但财务子网可以访问行情服务器。

5）其他信息点使用 Catalyst 2950 和原有的 2924 交换机连接，提供 10/100Mbit/s 桌面交换，并以冗余方式和核心交换机连接。实现 UPLINKFAST 功能，当网络拓扑结构发生变化时实现快速切换，保证网络的可用性。

6）机房使用两台 Catalyst 2948G 提供对 10/100Mbit/s 速度要求比较高转换机。

7）所有网络交换机连接工作站、服务器的端口使用 Cisco 专用主机通信优化技术实现工作站和服务器快速连接到网络。

8）对网络实现跨交换机划分 VLAN，VLAN 间通信通过三层交换实现，同时通过 ACL（2 层 MAC 和 3 层访问控制）实现 VLAN 间访问控制。

9）通过使用路由器的静态 ARP 和 MAC 安全设置实现总部网络工作站的 MAC 地址和 IP 地址的绑定，禁止违法站点访问网络。

7.3.2　网络设备选型

1. 中心交换机选型

根据网络系统建设的原则，从安全可靠、高性能的角度考虑，推荐使用世界著名的网络品牌——Cisco 产品系列。

在金融行业的主交换机的选型中，根据在多家公司及总部网络系统的应用经验和交换机的实际负载能力，主要选择 Catalyst 4000 和 Catalyst 6500 系列交换机，在较小的网络系统中可以使用 Catalyst 2948G-L3 为核心交换机。

根据 Catalyst 4000 和 Catalyst 6500 系列交换机的特点，对二者进行比较如下：

1）系统可扩展性。4000 系列与 6000 系列交换机均为模块化交换机，其模块插槽数、交换容量等已经可以满足系统应用。

2）4000 系列交换机不支持冗余引擎，对交换机的保护没有达到企业级，但是启用双主交换机的方式可以满足要求。

3）在三层交换上，4000 的三层交换能力达到 8Gbit/s、6MP/s 的能力，没有完全达到"线速"交换；而 6500 的三层交换能力达到 150MP/s 的转发能力。

4）在三层交换的安全访问控制上，4000 系列产品通过 4232-L3 模块或 Supervisor Ⅲ 实现，实现内部千兆端口安全访问控制；而 6500 的三层通过引擎实现，可以实现各个端口的安全访问控制。

5）4000 系列交换机在设计定位上属于配线间级交换机，而 6500 系列交换机属于企业（主干）级交换机。

6）因为营业部网络工作站主要是无盘站，对网络带宽要求较低，而总部主要是有盘站，应用复杂，并且有盘站的各种广播包占有相当的带宽，所以总部网络核心交换机的交换机能力要远远大于营业部的交换机容量。

综上所述，不难得出结论：对于××金融集团总部这样需要划分多个业务子网，并且需要进行有效的安全访问控制的网络来说，建议主干交换机选用 Catalyst6509 交换机，其更能适合系统需求。

2. 二级交换机选型

二级交换机建议使用 Catalyst 2950-48G/2948G 交换机。

2950 交换机特性和关键优点如下：

1）各个端口包括千兆位端口的线速、无阻塞性能。

2）8.8Gbit/s 交换结构和最大可达每秒 660 万包的传输速率，能够保证最大的吞吐量。

3）12 或 24 个 10BaseT/100BaseTX 自适应端口，每个可为单个用户、服务器、工作组提供最大 200Mbit/s 的带宽，完全可以支持对带宽需求苛刻的应用。

4）8MB 共享内存结构由于使用了消除包头阻塞以及最大可能减少包丢失的设计，可以在组播和广播流量很大的情况下，提供更佳的整体性能，同时保证最大可能的吞吐量。

5）16MB 的 DRAM 和 8MB 的板上闪存可以为未来升级提供便利，做到最大限度地保护用户投资。

6）利用快速以太通道和千兆位以太通道技术的带宽汇集可提高容错性能，并在交换机、路由器和各服务器之间提供最大 4Gbit/s 的汇集带宽。

7）每个端口使用基于 802.1Q 标准的 VLAN 主干；每个交换机带有 64 个 VLAN，附有 64 个生成树（PVST＋）的实例。

8）支持硬件 IGMP 侦听的超级组播管理能力。

2950 交换机支持 QoS（服务质量），其特性如下：

1）支持基于 802.1p CoS 值或网络管理员为每个端口指定的缺省 CoS 值来对数据帧进行重新分类。

2）在硬件上，每个输出端口支持四个队列。

3）WRR 队列算法确保低优先级端口不会被忽视。

4）严格的优先权安排配置保证诸如语音等时间敏感的应用能够在交换结构中一直使用快速路径。

因机房信息点多达 250 个，建议使用二台 2948G 交换机连接机房的重要转换机，其他信息点可通过 2950-24 交换机连接。主要机房工作站连接的 C2950G-48 可通过光纤与主干交换机相连，其他工作站可通过 100Mbit/s 上连与网络连接。2950-24 通过 5 类双绞线分别与二台主干交换机相连。

3. 实验室交换机选型

建议使用 4006 Supervisor Ⅲ 交换机，使用相应的 2600 系列路由器实现对子公司网络测试与各种仿真。在各种网络应用及设备投入实际交易网络运行前进行测试。

每台 Catalyst 4006 交换机配置如下：

Supervisor Ⅲ 的引擎，一块 48 口 10/100Mbit/s 模块，一块 6 口光纤模块。

路由器配置如下：

Cisco 2620 路由器一台，ISDN 模块一个，DDN 模块一个。

7.3.3　使用技术与应用

对于整个网络来说，潜在的故障点有以下几个方面：

1）交换机引擎。

2）交换机电源。

3）子网间的路由。

4）交换机之间的链路。

5）交换机的端口。

6）服务器的网络连接。

本方案中，针对以上潜在的故障点作了以下几方面设计，使得整个系统尽量避免了主干网络上的单点故障。

1）选择中心交换机相互冗余。

2）在网络中心配置两台中心交换机，一旦主交换故障，备份交换机可以立即接管所有工作（通过链路层的 SPT 协议以及网络层的 HSRP 协议），有效的防止了单点故障的出现。

3）主干交换机双电源保护。

4）HSRP（热备份路由冗余协议）保证了 VLAN 间路由的不间断。

5）二级交换机通过两条链路分别连接到两台中心交换机，利用 SPT（SPANTREE）技术实现链路及端口的冗余，同时 UPLINKFAST 技术实现了快速切换。

6）关键业务服务器的网络连接使用 AFT 技术实现冗余保护。

7.3.4　网络安全设计说明

目前的企业内部局域网普遍存在着很多安全漏洞，例如：普通办公 PC 可以浏览关键业务用机（如财务）；普通用户可以进入重要的数据服务器系统；外来人员用便携式计算机连入公司网络对服务器进行攻击或对数据进行窃取等。

为了弥补这些漏洞，在本方案中采用以下手段以确保关键业务部门的安全。

1）通过虚拟局域网的划分加强网络安全。本方案采用了按照业务划分虚拟局域网的设计思想，将各个业务子网有效地进行了隔离，各个子网间的通信受到 ACL（访问控制列表）的严格控制，有效地保证了核心业务的安全。

2）通过交换机设置限制站点对网络系统的访问。Cisco 交换机提供了 MAC 地址限制的功能。在特定的端口进行设置，允许固定 MAC 地址网卡的包通过，只要工作站网卡 MAC 地址未被该端口登记，这台工作站就无法在网络上工作。

这种通过对交换机设置来限制工作站点的方法能够有效阻止非本公司的计算机的非法使用，保护了公司网络的安全。

3）通过网络操作系统的安全管理加强网络安全。由于各关键业务的数据大多是以文件形式存放于网络存储设备上的，因此，要严格地限制对存放这些关键数据的权限，例如限定特定用户在专用的时间段才能登录、访问关键数据（这些操作在 NetWare 系统中，可以用 NWADMIN 管理工具实现，在 Windows 系统中，可以通过域用户管理来实现）。

另外，网络操作系统中都提供了审记功能，可以对关键用户、关键数据文件进行审记核查工作。通过对每个内部维护工程人员分配独自的账户，可以清楚地记录每次关键操作，这有利于提高网络的安全性。

7.3.5 局域网设计特点

1）使用双主干网络设计，保证主干交换机网络容错，一台主干交换机故障不会导致交易网络不能工作，也不用手工切换进行维护，保证网络可靠性。

2）使用千兆网络保证网络交易速度与实时性。

3）使用 STP、PORTFAST、UPLINKFAST 实现网络故障时快速切换，保证可靠运行。

4）使用 FEC/GEC 技术实现网络带宽扩展，适应证券网络不断扩展要求。

7.4 广域网设计方案

7.4.1 广域网拓扑结构

广域网拓扑结构如图 7-2 所示。

1）使用 7507 路由器作为主路由器，对于重要的营业管理总部可通过 2Mbit/s DDN 线路连接至 7507 路由器。随着业务规模的扩展，新的营业部对带宽要求更高的可接入 7507 路由器。

2）新增一台 7206 路由器作为备份，对于一般的营业部或因路由器模块本身限制速度不能到 2Mbit/s 的链路可连接至 7206 路由器。

3）原 Csico 3600 路由器保留，作为 ISDN/PSTN 拨号线路的接入，用于 DDN 线路故障的备份。当 7507/7200 路由器故障或 7500/7200 至各营业部相应的通信线路故障时，进行备份。

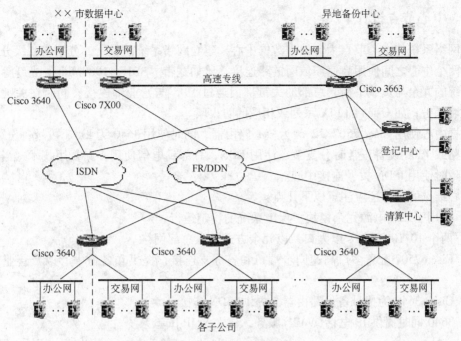

图 7-2 广域网拓扑结构图

该种连接方式可以提供中心路由器、链路的冗余保护，整个切换有系统自动完成，不需要人工干涉，包括对关键业务如到清算中心的冗余路由路径切换。同时，在路由器配置时可采用 HSRP 路由冗余协议，使得路由计算加快，提高收敛速度，缺省路由配置等不需要手工更改。

总部配置一台新的 Cisco 7206 路由器，一台 Cisco 7507 路由器、还有一台 Cisco 3640 路由器。每个证券营业部通过 DDN（SDH）广域网方式与总部 7507 路由器相连，通过 FR/DDN（带宽小于 2Mbit/s）方式与 7206 路由器相连，通过 ISDN/PSTN 与 3640 路由器相连。三种链路可相互备份，三台路由器可相互备份，充分保证广域网络系统主干可靠、连续运行。

每个子公司可根据本地实际情况选 2 或 3 条链路上连至总部，当一条链路故障时可自动切换至另一个链路。当然，多条线路根据需要可以进行负载均衡，按应用类别不同可使用不同带宽的广域网的线路。

使用 FR 比 ISDN 可获取更大带宽，保证子公司与总部网络系统数据交换速度。

7.4.2 设备选型

1）在保留原中心的主干路由器 7507 基础上，新增一台 7206 路由器。

2）根据营业部对高带宽的 DDN 线路要求的多少，Cisco 7507 配置相应数量的 VIP4-80 卡及相应的 PA-MC-8E1/120 卡。

3）PA-MC-8E1/120 为 8 port multichannel E1 port adapter with G.703 120 Ohm。

4）原 Cisco 7507 的 PA-8T 的卡可移入 7206 路由器，用于连接 FR 或低带宽的 DDN 线路。

7.4.3 中心节点设计

本网络系统的中心节点为××市数据中心，建立网络系统的骨干，分别与二级分支节点相连，两个中心之间使用高速广域网链路连接，比如宽带、SDH、1000Mbit/s 光纤等，能够满足系统的冗余与负载平衡。总部的关键部门通过 VPN 与营业部连接，同时在关键部门使用防火墙保护，如 Cisco 的 PIX 系列或相应的防火墙。

数据中心使用 Cisco 7507/72×× 为核心路由器，同时使用 3640 为 ISDN 拨号备份路由器。在主链路或 7200 设备正常时分支节点使用 DDN，总部到电信使用多路复用技术，当主链路出现故障时使用 ISDN 拨号连接中心。

中心结点的设计还应注意以下几点：

1）使用引擎和电源冗余模块，保障系统的稳定运行。

2）两个 10/100Mbit/s 以太口，以冗余方式接入总部网络。

3）Cisco 7507 配置多口高速同步端口和各分支连接，提供和备份中心以及营业部广域网连接。

4）Cisco 3640 为拨号备份路由器，提供 ISDN 连接。

5）3640 同时提供 IP 电话（VoIP）服务，建立 VoIP 试验系统。

7.4.4 广域网设计特点

广域网设计有以下几个特点：

1）使用多主干路由器设计，保证网络主干路由容错。一台故障不会导致与总部网络不能通信，也不用手工切换进行维护，保证网络可靠性。

2）使用 Cisco 高性能路由器保证广域网络网络转发速度与性能，保证总部与营业部之间数据通信速度。

3）实现网络故障时快速切换，保证证券网络可靠运行。

4）充分使用原网络主干路由器，保护原用户的投入。

5）高性能主干路由器保证网络系统路由数据速度。

6）三条链路容错保证网络系统主干可靠。

7）使用 CiscoWorks 2000 对网络系统进行管理，既保证主干网络系统可靠性，又具有可扩展性，适应将来发展。

7.4.5 使用技术与应用

广域网的设计使用技术主要包括：IP 通信技术、EIGRP、OSPF、QoS、线路备份。

1）IP 通信技术是广域网上使用最广泛的第三层通信协议，带宽与开销小，最常用于国际互联网上。

2）使用适应性好的路由协议，如 EIGRP、OSPF 等链路状态路由协议，对网络链路故障进行快速定位。使用 EIGRP 可以实现不同链路之间的负载均衡；使用 OSPF 可实现网络层次管理及负载均衡。

3）在 QoS 方面，可以使用排队技术、带宽预留技术、队列整形、优先级技术对不同类应用给予不同级别与带宽，实现总部与营业部之间数据传送的优先级。

4）排队技术很多，如 FIFO、公平队列、优先队列、CUSTOM 队列等。

5）排队技术主要功能为不同数据、接口、大小、协议、端口进行分类，放入不同发送队列按一定算法进行发送的技术。

6）带宽预留技术为相应的应用预定一定带宽，保证应用响应速度。

7）队列整形技术是为相应 PVC、应用的数据限制一定带宽，以免一些应用占用过多广域网带宽。

8）线路备份方面主要有 DDR、HSRP、路由协议内置特性实现。HSRP（Hot Standby Routing Protocol）主要用于第三层网络容错，当一台路由器（三层交换机）故障时，系统自动识别并转换到另一台正常工作的路由器（三层交换机）；DDR 主要为拨号线路使用，当一条主链路故障时，路由器自动进行拨号连接并与另一台路由器进行通信。保证网络连续运行。

7.5　主机系统设计方案

7.5.1　设计目标

主机系统的设计目标是保证行情、资金服务器工作站的可靠运行。

7.5.2　设备选型

1. 行情服务器选型

使用双机单柜实现行情服务器容错。行情服务器建议使用 Compaq ProLiant DL760 机柜式服务器。

2. 资金服务器选型

资金服务器使用二台 Compaq DL580 机柜式服务器。二台服务器之间数据同步备份通过 OCTOPUS 软件实现，当一台资金服务器故障时可自动（或手工）切换至另一台服务器。

3. 阵列柜选型

阵列柜使用 Compaq StorageWorks RAID Array 4100，凭借其突破性的存储可伸缩性、存储虚拟化和高可用性，并通过一套简化管理系统集成于整个企业内，实现企业网络存储体系结构（ENSA）。而且，它还具备出色的灵活性，同时新型通用硬盘有效保护了企业投资。

StorageWorks RAID Array 4100 有以下特点：

1）突破性的容量和可伸缩性。

2）全新的投资保护和灵活性。

3）带宽——提供充足的未来发展空间。

4）集群和高可用性环境的公认选择。

5）存储域网络（SAN）的理想基础。

6）驱动器部署更简单，成本更低廉。

7）平滑的集成。

磁盘阵列柜连接如图 7-3 所示。

4. 机房计算机选型（一）

机房计算机推荐选用 Compaq DL320，其是一款超薄、单 CPU 的服务器，便于管理与部

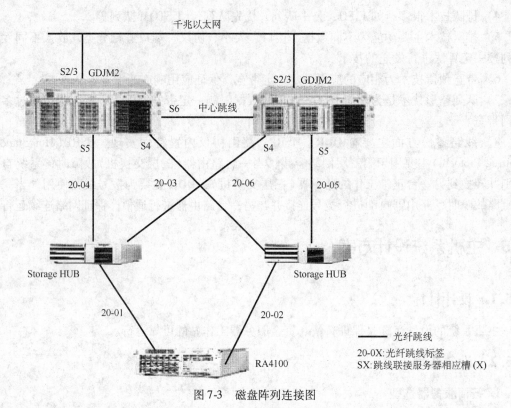

图 7-3　磁盘阵列连接图

署网络主机。

5. 机房计算机选型（二）

机房计算机还可选用圆明 1010r 服务器。其是方正电脑公司推出的一款 1U 超薄的机架式服务器产品，具有低价格高性能的特点，是针对 IDC、ISP、ICP 等密集环境而专门设计的低端机架式服务器。

圆明 1010r 支持 Intel 新一代 0.13μm 制造工艺的 Pentium Ⅲ 处理器，处理器频率高达 1.26GHz。133MHz 的前端总线频率、最高 1GB 的 ECC 内存容量、两个 Ultra ATA 100 IDE 硬盘等技术特点使得圆明 1010r 在同价位的 1U 机架式服务器产品中表现出优秀的性能。特有的机箱散热结构设计，保证了圆明 1010r 在高度密集应用环境中的稳定运行。

圆明 1010r 不仅适合于 Internet 数据中心等密集环境，还可以在企业的工作组级业务处理中得到充分的应用。而且圆明 1010r 高可用性集群解决方案的完美结合，提供了优秀的整体解决方案。

6. 软件产品选型

（1）行情服务器容错软件　行情服务器目前使用 NetWare 4.11 网络操作系统。在 Net-Ware 服务器上实现容错技术的软件主要有以下几种：NHA 与阵列柜、NWBackup、Standby。

NHA 软件是目前在 NetWare 服务器上广泛使用的实现容错技术的软件，目前软件版本为 1.1。在使用 NHA 与阵列柜实现容错时可辅助使用其他软件方式备份数据，以提高网络可用性。

对于金融行业为代表的关键应用领域，其基本业务特点是实时性强、瞬间数据流量大、交易业务不容停机。NHAS 群集容错系统正是为满足这些行业作业系统数据平台高度稳定、安全可靠的应用需求。它集合了以往 SFTⅢ、Standby 等产品的全部优点，从而支持关键业务环境及不断增长的存储需求，使广大的 Novell 用户能够有效减少停机时间、资金消耗和维护费用。

此种方案为营业部提供一个安全级别较高的平台环境，真正实现计算机系统服务器 99.99% 的高容错，这样就大大减轻了系统的压力，使用户网络系统的吞吐能力和容错能力有了质的改变。

NHA Server 群集系统特点如下：

1）高度可用性，确保作业的连续性。

2）速度上的明显提升。

3）提升数据的安全容错级别至 99.99%。

4）双 Active，服务器负载均衡。

NWBackup 2000 是基于文件方式的数据备份与监控软件，可实时备份相应实时行情文件与委托库，并可实现双台服务器之间的行情与委托数据同步。

Standby 是基于分区的备份工作方式软件。根据经验，在 100M 速度网络上使用效果较好，在 1000M 主干网络上该软件经常出问题，因此不建议使用。

（2）资金服务器容错软件　根据目前市场上基于 NT 的数据库方式，主要有以下几种：CLUSTER 方式、软件备份、柜台供应商提供的对应特定数据库的软件。

CLUSTER 方式要求相应 NT 网络操作系统软件版本及应用程序较高，在证券中应用较小。

在金融业中，目前使用比较多的是软件备份方式软件，主要有 LifeKeep、CoStandby、Octopus。

LifeKeep 基于分区备份，可维护性差。

Octopus 基于文件级备份，在金融界市场占有率很高。Octopus 与 CoStandby 多为 Legato 公司产品。

因此建议使用文件备份软件-Octopus。

7.6　网络安全系统

在 ×× 金融集团广域网系统中，由于需要连接 Internet，所以如何防止来自 Internet 的安全威胁是非常重要的，集团总部建议采用天融信 3000 防火墙作为其 Internet 防火墙（该防火墙基于包过滤防火墙技术，较为先进并且有良好的可管理性），可以防止网络层的入侵，给系统安全的环境。除了防火墙之外，建议集团统一部署诺顿（Norton）企业版防病毒软件，能够有效地抵御病毒入侵。此外，对于关键业务部门（如财务、清算、自营等），通过基于路由器的 ACL（访问控制列表）实现更深一层的安全防护。

7.6.1　广域网安全分析

1. 网络系统的安全问题

一般网络系统本身具有的安全性包括：利用操作系统、数据库、电子邮件、应用系统本身的安全标准，对合法用户和非法用户进行权限控制。

内部网络系统可采用非注册 IP 地址、外出访问用 NAT 等方式进行 IP 地址转换，对外进行屏蔽内部机器，保护系统和 Internet 网络系统，或者与外界基本隔绝。但是，这样系统安全漏洞比较多，如 Internet 服务提供系统直接暴露在内外部合法和非法用户面前，会给系统的记费系统、DNS、Mall 等服务器造成致命打击。

由于大型网络系统内运行多种网络协议（TCP/IP、IPX/SPX、NETBIUE 等），而这些网络协议并非专为安全通信而设计，也可能遭到内部的攻击。所以，网络服务提供系统可能存在的安全威胁来自以下方面：

1）操作系统的安全性级别低。

2）来自外部非法用户或者黑客的攻击。

3）来自内部网用户的安全威胁。

4）缺少有效的保护措施。

5）缺乏有效的手段监视、评估网络系统的安全性。

6）采用的 TCP/IP 族软件本身缺乏安全性。

7）未能对来自 Internet 的电子邮件挟带的病毒及 Web 浏览可能存在的恶意 Java/ActiveX 控件进行有效控制。

8）应用服务的安全性差。许多应用服务系统在访问控制及安全通信方面考虑较少，并且，如果系统设置错误，很容易造成损失。

2. 系统安全结构

网络系统的安全涉及到平台的各个方面。按照网络 OSI 的七层模型，网络安全贯穿于整个这七层中。针对网络系统实际运行的 TCP/IP，网络安全贯穿于信息系统的四个层次。

（1）物理层 物理层信息安全，主要防止物理通路的损坏、物理通路的窃听、对物理通路的攻击（干扰等）。

（2）链路层 链路层的网络安全需要保证通过网络链路传送的数据不被窃听，主要采用划分 VLAN（局域网）、加密通信（远程网）等手段。

（3）网络层 网络层的安全需要保证网络只给授权的客户使用授权的服务，保证网络路由正确，避免被拦截或监听。

（4）操作系统 操作系统安全要求保证客户资料、操作系统访问控制的安全，同时能够对系统上的应用进行审计。

（5）应用平台 应用平台指建立在网络系统之上的应用软件服务，如数据库服务器、电子邮件服务器、Web 服务器等。由于应用平台的系统非常复杂，通常采用多种技术（如 SSL 等）来增强应用平台的安全性。

（6）应用系统 应用系统的安全与系统设计和实现关系密切。应用系统使用应用平台提供的安全服务来保证基本安全，如通信双方的认证、审计等手段。

3. 广域网安全的必要性

由于广域网采用公网传输数据，因而在广域网上进行传输时信息也可能会被不法分子截取。如子公司从异地发一个信息到总部时，这个信息包就有可能被人截取和利用。因此在广域网上发送和接收信息时要保证以下几点：

1）除了发送方和接收方外，其他人是不可知悉的（保密性）。

2）传输过程中不被篡改(完整性)。

3）发送方能确信接收方不会是假冒的(真实性)。

4）发送方不能否认自己的发送行为(唯一性)。

如果没有专门的软件对数据进行控制,所有的广域网通信都将不受限制地进行传输,因此任何一个对通信进行监测的人都可以对通信数据进行截取。这种形式的"攻击"是相对比较容易成功的,只要使用现在可以很容易得到的"包检测"软件即可。

如果从一个联网的 UNIX 工作站上使用"跟踪路由"命令的话,就可以看见数据从客户机传送到服务器要经过多少种不同的节点和系统,所有这些都被认为是最容易受到黑客攻击的目标。一般一个监听攻击只需通过在传输数据的末尾获取 IP 包的信息即可以完成,这种办法并不需要特别的物理访问。如果对网络用线具有直接的物理访问的话,还可以使用网络诊断软件来进行窃听。

对付这类攻击的办法就是对传输的信息进行加密,或者是至少要对包含敏感数据的部分信息进行加密。

7.6.2　网络安全建议

为了保证××金融集团信息系统的安全性,需要在网络中的各个部分采取多种防范手段,使用各种安全防范技术,下面就针对这些内容进行阐述。

1. 防火墙技术

提到网络安全,人们往往首先想到防火墙。通过在网络中设置防火墙,可以过滤网络通信的数据包,对非法访问加以拒绝。

系统中设置防火墙后,可以为网络提供各种保护,主要包括以下几方面的内容:

1）隔离不信任网段间的直接通信。

2）隔离网络内部不信任网段间的直接通信。

3）拒绝非法访问。

4）地址过滤。

5）访问发起位置的判断。

6）过滤网络服务请求。

7）系统认证。

8）日志功能。

2. 入侵检测技术

利用防火墙技术,通常能够在内外网之间提供安全保护。但是,仅仅使用防火墙还远远不够,因为:

1）入侵者可寻找防火墙背后可能敞开的后门。

2）网络结构的改变,有时会造成防火墙上的安全策略失效。

3）入侵者可能就在防火墙内。

在每个企业的内部网络中,每个内部网段上除连接着业务主机外,还有许多工作站,这些工作站与主机的通信不需要通过防火墙。如果攻击行为是从这些工作站上发起的,主机将处于无保护的状态。由于性能的限制,防火墙不能提供实时的入侵检测能力。

单一应用防火墙技术,以上问题是不能得到有效解决的。但如果在重要主机上安装实时入侵检测系统，就可以解决上述情况引起的安全问题。

入侵检测系统是近年出现的新型网络安全技术，它试图发现入侵者或识别出对计算机的非法访问行为，并对其进行隔离。入侵检测系统能发现其他安全措施无法发现的攻击行为，并能收集可以用来诉讼的犯罪证据。

入侵检测系统有两类：基于网络的实时入侵检测系统和基于主机的实时入侵检测系统。其中基于网络的入侵检测系统由于受自身应用技术的影响，已经不再被广泛使用，取而代之的是基于主机的实时入侵检测系统。基于主机的入侵检测系统安装在需要保护的主机上，为关键服务提供实时的保护。它通过监视来自网络的攻击、非法闯入、异常进程，能够实时地检测并作出切断服务、重启服务器进程、发出警报、记录入侵过程等动作。

实时入侵检测能力之所以重要，首先在于它能够对付来自内部网络的攻击，其次它能够缩短黑客入侵的时间。

本案例中推荐××金融集团总部采用 ISS 公司的入侵检测产品 RealSecure。RealSecure是一个计算机网络上自动实时的入侵检测和响应系统，也是全球唯一一个被权威机构评测为B + 级的实时监控网络安全入侵软件。RealSecure 提供实时的网络监视，并允许用户在系统受到危害之前截取和响应安全漏洞和内部网络误用。RealSecure 无妨碍地监控网络传输并自动检测和响应可疑的行为，从而最大程度的为企业提供安全。

RealSecure 有以下几个优点：

1）对网络攻击实时响应，包括切断连接和重新配置防火墙。最小化网络攻击漏洞，在危险发生之前阻止攻击。

2）记录攻击事件以便于回放，能够被用来收集起诉的证据。

3）业界最广泛的攻击模式识别，管理员不需要是安全专家。

4）内置的报告生成，管理员会快速收到有结构的网络事件的归纳总结。

5）很大范围的网络拓扑，包括以太网、快速以太网、令牌环网和 FDDI。

6）事件响应的在线帮助数据库，允许 RealSecure 被缺少经验的操作者使用，减少所有权和培训的费用。

7）运行在 Windows NT 和 UNIX 平台，使用 RealSecure 无须购买特殊的硬件。

8）监控 Windows 的网络和 TCP/IP 传输。微软的 Windows 网络的环境支持允许 RealSecure 监视内部安全策略的违反，包括访问合作者机器上的口令文件或未授权读取被保护的共享资源。

9）对网络传输流无影响，对网络传输不增加任何延迟。

针对本系统，RealSecure 具体实现方法如下：

在每台需要保护的主机（如交易前置主机）上都安装 RealSecure 的主机监控模块。System RealScure 可以实时监视各种对主机的访问请求，并及时将信息反馈给控制台，这样全网任何一台主机受到攻击时，系统都可以及时发现，可将反馈信息及时传送给控制台进行处理，并能自动对入侵事件做出反应。

在需要保护的重点的网段，也将安装 RealSecure 的网络监控模块，对这一网段的非正常的访问进行监视。综合考虑对速度的要求及其他原因，建议只在极少数十分重要的网段安装。

由于反馈信息可以跨越路由，同时又考虑到管理的方便性和可行性，建议在网络上设置一台网管工作站作为网络检测的控制台，如图7-4所示。

3. 漏洞扫描安全评估技术

网络建成后，应该制定完善的网络安全和网络管理策略，但实际情况是，再有经验的网络管理者也不可能完全依靠自身的能力建立十分完善的安全系统。漏洞扫描安全评估技术可以帮助网络管理者对网络的安全现状进行扫描，发现漏洞后提出具体的解决办法。

网络安全漏洞扫描系统通常安装在一台与网络有连接的主机上。系统中配有一个信息库，其中存放着大量有关系统安全漏洞和可能的黑客攻击行为的数据。扫描系统根据这些信息向网路上

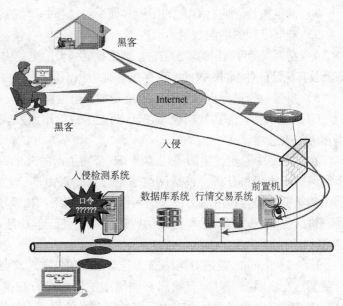

图7-4 RealSecure 连接示意图

的主机和网络设备发送数据包，观察被扫描的设备是否存在与信息库中记录的内容相匹配的安全漏洞。扫描的内容包括主机操作系统本身、操作系统的配置、防火墙配置、网络设备配置以及应用系统等。

通过网络扫描，系统管理着可以及时发现网路中存在的安全隐患，并加以必要的修补，从而减小网络被攻击的可能。

安全扫描主要分为两种方式：

1）直接配置检查。这种技术的代表是 COPS（Computer Oracle Password and Security System）。COPS 检查系统内部常见的 UNIX 安全配置错误与漏洞，如关键文件权限设置、FTP 权限与路径设置、root 路径设置、密码等，指出存在的失误，减少系统可能被入侵者（包括内部用户）利用的漏洞。

2）模拟入侵。这种技术模拟入侵者可能的攻击行为，从系统外部进行扫描，以探测是否存在可以被入侵者利用的系统安全薄弱之处。它的代表有 ISS（Internet Security Scanner）、SATAN（Security Analysis Tool for Auditing Network）等。

安全扫描工具通常也分为基于服务器和基于网络的扫描器两种：

1）基于服务器的扫描器主要扫描服务器相关的安全漏洞，如 Password 文件、目录和文件权限、共享文件系统、敏感服务、软件、系统漏洞等，并给出相应的解决办法建议，通常与相应的服务器操作系统紧密相关。

2）基于网络的安全扫描主要扫描设定网络内的服务器、路由器、网桥、交换机、访问服务器、防火墙等设备的安全漏洞，并可设定模拟攻击，以测试系统的防御能力。通常该类扫描器限制使用范围（IP 地址或路由器跳数）。

网络安全扫描的主要性能应该考虑以下几个方面：

1）速度。因为在网络内进行安全扫描非常耗时，所以必须考虑安全扫描对网络系统可

能造成的延迟影响。

2）网络拓扑。通过 GUI 的图形界面，可选择一个或某些区域的设备。

3）能够发现的漏洞数量。

4）是否支持可制定的攻击方法。通常提供强大的工具构造特定的攻击方法，因为网络内服务器及其他设备对相同协议的实现存在差别，所以预制的扫描方法肯定不能满足客户的需求。

5）报告。扫描器应该能够给出清楚的安全漏洞报告。

6）更新周期。提供该项产品的厂商应尽快给出新发现的安全漏洞扫描特征升级，并给出相应的改进建议。

在本方案中，建议集团采用美国 ISS 公司生产的 Internet Scanner 系统针对网络设备的安全漏洞进行检测和分析，包括网络通信服务、路由器、防火墙、邮件、Web 服务器等，从而识别能被入侵者利用非法进入的网络漏洞。网络扫描系统对检测到的漏洞信息形成详细报告，包括位置、详细描述和建议的改进方案，使证券中心网管系统能检测和管理安全风险信息。

Internet Scanner 通过对网络安全弱点全面和自主地检测与分析，能够迅速找到并修复安全漏洞。互联网扫描对所有附属在网络中的设备进行扫描，检查它们的弱点，将风险分为高、中、低三个等级并且生成大范围的有意义的报表，从以企业管理者角度来分析的报告到为消除风险而给出的详尽的逐步指导方案均可以体现在报表中。Internet Scanner 包括 Web Security Scanner™（用于扫描 Web 服务器）、Firewall Scanner™（用于扫描防火墙）、Intranet Scanner™（用于扫描企业内部网）。

针对集团中心网络现状，建议采用安全管理中心进行扫描的方式来进行日常安全检测和扫描任务。建议购买 ISS Scanner 软件，由网络中心对主要节点的重要 IP 地址进行日常扫描，同时定期汇报扫描情况，对发现的安全问题提出解决方案并协助证券中心网管解决问题。同时，由安全管理小组负责扫描软件版本升级，错误修改，辅助模块开发的工作，保证外部扫描的及时性和准确性。

安全扫描拓扑图如图 7-5 所示。

4. 防病毒技术

病毒的防范早已不是什么新鲜话题，但是一般用户所熟悉的多数是基于桌面的防病毒技术。除此之外，还有一种更安全的基于网络的防病毒技术。基于网络的防病毒技术可以在网络的各个环节上实现对计算机病毒的防范，其中包括基于网关的防病毒系统、基于服务器的防病毒系统和基于桌面的防病毒系统。

建议××金融集团总部采用基于网络的 Norton 企业版防病毒软件。

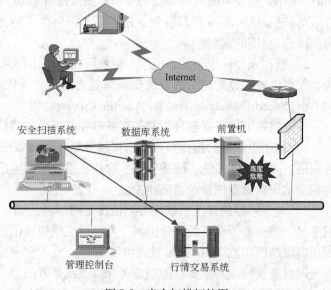

图 7-5　安全扫描拓扑图

7.6.3 路由器及其安全控制

1. 访问控制列表

Cisco 路由器操作系统通过访问控制列表(Access Control List ,简称 ACL)技术支持包过滤防火墙技术,根据事先确定的安全策略建立相应的访问列表,可以对数据包、路由信息包进行拦截与控制,可以根据源/目的地址、协议类型、TCP 端口号进行控制。这样,就可以在 Extranet 上建立第一道安全防护墙,屏蔽对内部网 Intranet 的非法访问。

例如,可以通过 ACL 限制可以进入内部网络的外部网络甚至是某一台或几台主机;限制可以被访问的内部主机的地址;为保证主机的安全,可以限制外部用户对主机的 telnet 方式登录等。

2. 地址转换

Cisco 路由器操作系统的防火墙功能还包括 IP 地址转换(Network Address Translation,简称 NAT)功能。进行 IP 地址转换有两个好处:其一是隐藏内部网络真正的 IP 地址,这可以使黑客(hacker)无法直接攻击内部网络,因为它不知道内部网络的 IP 地址及网络拓扑结构;另一个好处是可以让内部网络使用自己定义的网络地址方案,而不必考虑与外界地址冲突的情况。

3. 路由认证技术

为了保证发出和进入的路由更新不被窃取和攻击,Cisco 路由器操作系统提供对动态路由协议进行加密和认证的技术,只有经过认证的路由器才能互相学习路由信息,同时路由信息的传输完全是以加密的形势进行的。

鉴于网络主干的开放性,可以利用 Cisco 路由器的路由认证技术对所有路由器的路由信息进行认证与加密,以防止路由信息的泄漏,保证网络的安全。

4. 路由器自身的安全防护

在保证数据信息的安全性的同时,必须考虑到路由器自身的安全性。如果路由器本身失去安全保护,那么前面所做的一切都是徒劳的。在这方面,Cisco 路由器操作系统提供了一系列防范措施:

首先,进行口令保护,用户登录路由器必须经过口令的认证;其次,利用口令授权,将不同的权限等级与不同的口令进行关联,对用户进行等级的划分,通过减少超级用户来减少不安定因素;第三,对口令进行加密,以避免口令在网上以明码的方式进行传输,同时避免配置文件以明码的方式显示口令;最后,对无人职守的控制台和端口进行超时限制,以提高设备的安全性。

5. 内部网络端口的安全性

为了进一步保证关键网络设备(路由器)的安全可靠性,可以在其内部网段——以太网上通过 ARP 控制进行 IP 地址与 MAC 地址的绑定,结合 ACL 对登录到路由器的主机与用户进行限制,可以更好地保证路由器的安全,防止非法用户盗用地址对路由器进行攻击。

7.7 信息监控系统

7.7.1 系统需求分析与设计目标

1. 系统需求分析

××金融集团是一家全国性的金融企业，在各地有相应的子公司。集团建有一个信息中心，做为集团的交易和网络中心，通过路由器与各子公司连成广域网。新建信息中心配置如下：

交易服务器 4 台（Compaq PLT DL 系列）；其他服务器若干；路由器 4 台（Cisco 7500/7200/2600/3600）。交换机若干台（Cisco）；工作站 250 台（其中 30 台左右机器为重要的转换机，要求进行监控）。

为了有效地对信息中心的网络系统进行监管，随时掌握网络系统情况，需要建立一个网络监控和管理系统。该系统拟建立基本功能如下：

1）监控中心网络状况。

2）对服务器（UNIX、Novell、NT）、数据库（SQLserver、Oracle）的状态性能进行监控。

3）对转换机、处理机、路由器、交换机等进行监控。

4）出现异常或参数超过设定阀值时，有报警功能。

5）当将来系统扩展时，可以直接监控各营业部状况。

系统其他功能在系统成熟后再扩充，包括：

1）能方便地了解网络系统的配置情况，具有资产管理功能并生成报表。

2）能有效地提供资源利用情况和性能趋势，为系统的升级提供依据。

3）具有完善和方便的二次开发功能。

2. 系统设计目标

1）高效性。采用统一、全面、集成的管理工具，管理复杂的 IT 环境。

2）实用性。主动预警报告、灵活策略制定、防患于未然。

3）安全可靠性。一个安全、可靠的管理平台是"有效管理"的充分保证。

4）可扩展性。配置灵活、适应未来发展，保护以往投资。

5）可靠的技术支持与服务。完善的技术支持服务网络，保证管理实施的连续有效。

7.7.2 具体技术要求

1. 系统性能管理

1）支持多平台，保持系统的可扩展性，如 SCO、NT、SUN、NetWare 等。

2）对文件系统进行监控，并能定义预警和严重性的门限。

3）对操作系统的关键进程监控，进行报警，发生故障时能自动处理。

4）对系统的内存进行监控，并能预警 CPU 和交换区。

5）对操作系统的各种日志文件进行收集和监控，从而发现错误并进行预警。

6）对操作系统的各种资源，包括 CPU 使用情况、内存使用情况、交换区使用情况、当前用户登录、工作队列、系统信号量、文件系统可用性、进出网卡的数据包流量等，有实时、动态的图形界面显示。

2. 网络管理

1）能自动地发现并识别分布式网络环境中的所有资源，如网络设备、网络节点、数据库和应用（安装了管理代理）。网络拓扑通过二维图显示，能直观地监控和显示到各个资源的状态变化，并能非常方便地查看到是什么因素造成该设备的状态变化。

2）自动收集网络性能信息，并可以根据预先设定的网络参数目标来监控客户/服务器、网络硬件及软件等，产生相应报警信息。

3）具体分析最终用户的响应时间，LAN 的容量利用及出错统计等。应具有报表机制，提供图形化或表格方式的数据表达，提供详细的有关服务器，LAN 负载的历史报表，提供网络资源性能的实时报表。

4）对网络设备参数进行监视和调整，对网络设备端口进行数据流量统计和分析，对网络设备性能进行实时监视，对网络设备操作状态和端口操作进行实时监视，对网络消息进行记录、统计和操作报告，对网络设备进行故障报警、问题定位和问题分析。

5）监视整个网络拓扑结构，实时监视整个网络流量，监视和管理网络路由，捕获、存储和管理异常事件，获得网络运行报告。

3. 数据库管理

1）对 MS SQL Server、Oracle 等数据库自动管理。

2）监控数据库的可用性，应能监控数据库引擎的关键参数，如文件存储空间、系统的使用率、配置情况、当前各种锁资源情况、数据库进程状态、进程所占用空间等。

3）可定制阀值，自动监控数据库资源的变化，能在达到限值时发出警告和错误信息，并应能触发一定的动作以便及时采取措施。

4）监控表空间的使用情况，包括表的分配空间、已用空间和表记录数的情况。

5）监控事件日志空间的使用情况，自动监控数据库日志的变化，并且有智慧预警功能。

6）与数据库本身的管理工具无缝地集成起来，用户通过统一的界面就可对数据库进行细致的管理，如数据库设备定义、数据库建立、用户管理。

4. 桌面系统的管理

具有软件监控功能，定义对用户的某一特定软件进行监视，如该软件正在非正常运行，产生系统报警，提醒管理员注意。

7.7.3 系统管理方案

使用 Unicenter TNG 企业管理方案，实现端对端管理和开放和可扩展的架构。

通过对系统的有效管理，如对于 Novell、NT、UNIX 服务器（Solaris）系统、桌面系统等，实现自动化的和主动的管理，从而保障××金融集团各项业务的顺利运行。具体要求如下：

1）服务器的管理和性能监控。

2）通过 OS Agent 监控操作系统的主要参数。

3）通过 OS Agent 监控特定的文件系统。

4）通过 Performance Agent 进行性能监控。

5）资产管理（Asset Management 选件）。

6）结构和功能。采用 Client/Server 结构，包含有 4 个功能模块。

7）系统资源管理。

8）利用 SQL Server Agent 完成对数据库 SQL Server 的管理。

9）利用 Notes Server 完成对 Lotus Server 的管理。

针对具体的网络和系统环境，建议采用下列方案进行管理：

1）Unicenter TNG 主控机作为管理的中心，安装所有系统管理模块，并位于中心主控机房。

2）监控 Novell 服务器，进行性能分析，并从中心控制台抓取 Novell Console 和 Log 界面。

3）监控 NT 和 UNIX 服务器（Solaris），进行性能分析和故障报警维护。

4）利用数据库 Agent 监控 Oracle，SQL Server 等数据库的运行和性能。

5）利用 Notes Agent 完成对于 Lotus Notes 的管理。

6）在 PC 机上安装 Asset Agent，进行资产管理和汇总分析。

7.7.4 网络管理方案

网络管理性能是衡量一个网络系统性能高低的重要因素。网络管理系统完成设置网络设备、监控网络运行、保障网络安全、查找并隔离网络故障、记录网络中的各种事件以及划分虚拟网络等功能。总之，网络管理系统的任务就是对所有网络上的信息进行统一管理。

网络管理通常结合硬件和软件的手段来实施，对不同的拓扑结构及不同的物理和逻辑部分进行监控和分析。网络管理系统支持五大功能：配置管理、性能管理、计费管理、故障管理以及安全管理。这些管理功能由网管系统和网络设备共同完成。

以下介绍的网络管理（包括利用 Cisco Works 进行网络管理和利用 Windows 2000 Active Directory 进行资源/用户管理）不局限于××金融集团总部的局域网，还包括××金融集团广域网的管理内容。

1. 网络管理内容

（1）配置管理　网络节点插板、端口和冗余结构的配置，网络节点访问口令的设置和更改。

（2）性能管理　可以实时连续地收集网络运行的相关数据，可用数字和图形的方式显示网络运行的各种情况以及重要程度，需要时可发布指令到各节点，进行网络控制。可从相关节点收集业务量数据，进行统计、分类、记录归档，并形成报告向上一级中心报告和提示系统管理员，使用这些信息为网络建设提供规划设计依据。

（3）故障管理　能实时监视故障信息，并对其统计分析，低层网络管理设备应把重要的故障信息报告给高层网管中心。可形成节点、中继线及用户端口的告警产生、告警内容和告警清除的统计报告。可实时修改状态图以反映此故障：如果该故障影响了用户服务，为重大故障，故障点的颜色即从绿色变为红色；如果该故障为轻微故障，则故障点的颜色从绿色变为黄色。

（4）计费管理功能　计费管理分为三级：原始计费数据收集、计费数据处理和账单的生成。

（5）安全管理　安全管理是指保证运行中的网络安全的一系列功能，应避免非法接入网络，控制接入级别和范围。要求：

1）具有用户认证能力。

2）多级别访问权限。

3）防止绕过鉴权。

4）记录所有的登录。

5）具有网络配置、运行、故障、计费、访问等数据信息的保护和备份措施。

2. 骨干网的管理

建议在总部网络配置一台网管工作站，运行 CiscoWorks 软件对网络进行管理，本案例中所配置的路由器及交换机产品，都具有管理功能，包括 SNMP、RMON、NetflowStatistics（网络流量统计）、HTTP、诊断/故障排除、Syslog、拓扑发现代理等。

可以通过实施分层式网络管理，减少 SNMP 查询信息在广域网中的流量，节约带宽。还可通过路由器对 SNMP 的过滤控制其流向，实施总行监测全网，各地市行和省行营业厅各自管理自己领域的网管构架。

为了更好地利用这些功能，推荐 CiscoWorks——Cisco 基于 Internet 的新一代网络管理产品。其作为管理产品的一个家族，将传统的路由器及交换机管理功能中的优点与基于 Web 的最新技术相结合，一方面利用了已有工具和设备中内置的管理数据源，另一方面又为规模巨大、日新月异的企业网提供了管理工具的新典范。

3. 产品选型

所有网络产品均为 Cisco 公司的产品，主要有 Catalyst 4006、6509、2900 系列交换机，广域网所有产品使用 Cisco 路由器，建议使用 Cisco Works for WAN 实现网络管理。

7.8 磁带机备份系统

7.8.1 概述

金融系统的连续稳定运行及数据安全至关重要，一旦行情或资金系统中断运行，将给子公司的运营带来极大的混乱；而数据一旦丢失，则后果（损失）将是灾难性的。因此，如何确保数据的安全以及如何保证行情或资金系统的连续稳定运行，就成为金融业计算机主管和系统管理人员非常关切的问题。同时，在灾难情况下（如病毒发作），如何快捷准确无误地进行恢复，减少或避免损失，亦是计算机主管和系统维护人员关切的问题。

双机容错软件的采用，保证了数据不因硬盘故障而丢失，系统不因硬盘和服务器故障而中止运行。但病毒、人为破坏、自然灾难等仍可导致数据的丢失。此时，推荐采用磁带备份软件及相应磁带库来进行自动备份，并在灾难发生时予以智能快速地对整个系统进行恢复，由此来避免或减少数据丢失带来的损失。

7.8.2 需求描述

数据量及每日增量要求如下：

1）财务系统。SQL7，2.5GB，增长量：50MB/天，要求每天作增量数据备份，周期约一周。

2）交易通信系统。DBF FILE，80MB/天，每天备份的数据均不同。

3）客户服务在线交易系统。ORACLE&SQL2000，500MB，增长量：较小，要求每天作全数据备份。

4）客户服务在线交易系统。语音 LOG FILE，100MB/天，每天备份的数据均不同。

5）OA 系统。LOTUS，10GB，增长量：20MB/天，要求每天作增量数据备份，周期约二周。

还有其他不确定的数据，如服务器操作系统、数据挖掘系统等。

7.8.3 厂家选择

目前 NT、NetWare 市场上的数据备份软件主要有三家公司的产品，分别是 Veritas、CA 和 Legato。其中 Veritas 公司的 Backup Exec 系列产品由于技术上的成熟与先进性，占据了 42%的市场份额，而 Windows 95/98/2000/NT 和 NetWare 都选择了 Veritas 作为操作系统自带备份功能的 OEM 厂家，使得 Veritas 的可操作性、兼容性以及和操作系统的集成性更加脱颖而出。

作为企业级应用存储管理软件的领先提供商，Veritas Software 公司专门提供集成的跨平台存储管理软件解决方案，用来保证关键业务的连续可用性。

HP 公司提供磁带库存全系列产品，从低端至高端。

根据以上要求和产品介绍，选择 Veritas 磁带备份软件，使用 HP 4/40 磁带库存作为备份设备。

7.8.4 技术选型

1. 磁带库技术选型

数据备份/恢复系统一直是金融企业维持信息系统正常运行的保护措施之一。以前××金融集团已选用备份软件和磁带机进行系统备份，但仍存在备份设备分散且速度较慢、自动化程度不高、无法集中管理所有备份作业等诸多问题。随着数据量的不断增多，这些问题日益明显。结合对该集团的现状分析，实现高效的在线自动备份，以备在意外发生之时能迅速恢复整个系统正常运作，才是金融集团改造的当务之急。不仅如此，这个备份系统应该能够应付将来业务扩张的需求。

目前该集团的主要应用环境中有多台非常关键的文件服务器和数据库服务器，操作系统全部是 Windows NT/2000 Server，运行 SQL Server 和 Oracle 两种数据库，备份网络使用千兆以太网。采用的备份策略是全备份加增量备份。

针对用户的需求，在选取存储产品时，应充分考虑以下原则：使用专门的备份服务器，不对其他应用服务器的关键业务形成干扰；可集中管理整个备份系统，并提高备份效率，如根据各业务系统具体情况定制备份策略，在一个点上监控所有备份设备及备份介质的状态等；易于管理。

在使用 Veritas 备份软件的基础上，为了充分发挥千兆以太网的性能，提高备份速度，在不改变用户原有配置的基础上，将一台性能较好的 NT 服务器作为专用的备份服务器，并通过 Ultra3 高速 SCSI 卡与备份设备相连。备份设备则选用 HP 公司的 Ultrium 4/40 磁带库。

2. 备份软件技术选型

使用备份软件，可以有选择性地备份所有服务器（包括 NT Server、NetWare、UNIX、OS/2）和工作站（包括 Windows 95/98、NT WorkStation、Mac）上面的目录、文件和系统信息（包括注册表、用户信息、目录树等）。如果增加选件，还可以很方便地备份特定应用中的特定数据，如 SQL 数据库中的表、用户以及邮件服务器中的用户邮件等，也可以备份整个系统的信息，使用户在服务器系统完全崩溃的情况下能够不用重新安装操作系统和后台应用程序而直接从磁带恢复，快速恢复系统环境。

Veritas 软件公司提供了一些数据可用性软件解决方案，帮助企业用户保护和管理他们的关键任务信息。Veritas 开发出的存储软件数据保护解决方案包括二大类软件：Veritas Netbackup 与 Backup Exec。

1）Veritas NetBackup 系列。这种解决方案为企业提供从桌面计算机到数据中心的数据保护，帮助企业在不同类的系统上存储关键信息，并将这些信息传输到世界各地。

2）Veritas Exec 系列。该系列产品为 Windows NT/2000 和 Novell NetWare 环境中的应用提供全面的备份解决方案，适用于各种网络和用户，并具有多种操作系统的版本。

Backup Exec 备份软件的安装和操作非常简易，只要在最开始定制好备份的文件、规则和时间，Backup Exec 就会在网络最空闲的时刻（例如晚上 11 点开始）将服务器和工作站上的数据按要求自动备份到磁带上。用户每天要做的只是换一盘空磁带而已。

根据总部的具体情况，建议采用 Veritas Backup Exec。

7.8.5　方案特点

本解决方案的实施经过该金融集团总部运营的检验，证明是非常成功的。

首先，置于该公司网络内的 Ultrium4/40 磁带驱动器对证券交易过程中产生的业务数据做到了实时、正确、可靠的备份，以备客户查询，保证客户能够在第一时间做出正确的判断。在时间就是金钱的证券市场上，惠普公司（HP）的 Ultrium 磁带产品以其高可用性和高可靠性，为用户争取到了宝贵的时间。

纵观整个证券公司的业务数据备份系统，其最大特点是成熟而稳定。惠普的 Ultrium 4/40 磁带驱动器产品和相应的解决方案，以其高可用性、高可靠性及高可扩展性，能够保证系统在 3～5 年内高效地支持营业部庞大的数据处理需求。不仅如此，得益于惠普为网络备份系统设置的冗余功能，该集团避免了由于单点故障导致的整个系统的瘫痪。

备份系统改造正式实施大大提高了证券公司信息系统的安全性，其集中管理化程度也大大提高。

7.9　弱电防雷系统

根据金融行业对防雷、避雷的要求，并结合设备及元件的使用性能，本案例中建议××金融集团使用德国 OBO 防雷、避雷产品系列，该产品性能、质量优异，在金融行业中享有很高的声誉。

根据各个系统对防雷、避雷的要求，产品选择见表 7-1。

表 7-1　防雷、避雷产品型号

序号	名　称	型号及规格	序号	名　称	型号及规格
1	三相四级 A 级保护防雷器	V25-B/4	5	卫星信号保护器	DS-M/W
2	三相四级 B 级保护防雷器	V25-C/4	6	三相四级 A 级带遥信触点	V25-B/4-FS
3	地级保护防雷器	480	7	三相四级 A 级带监控触点	V25-B/4-FS-SU
4	RJ11/45 信号保护器	RJ11TELE4（110V/MODEM/FAX）			

7.10　机柜及布线

1. 机柜选择

根据金融行业对网络设备、服务器等使用机柜及机架的要求，并结合各种设备及元件的大小与使用性能，本案例中为××金融集团提供"蓝希望"系列产品，该产品性能及质量优异，品种齐全，在金融行业中享有很高的声誉。

产品选择见表7-2。

表 7-2　机柜机架产品型号

序号	名　称	型号及规格	备　注
1	蓝希望	机柜 600×600	高度达到43U 特殊可以定制
2	蓝希望	机柜 600×800	高度达到43U 特殊可以定制
3	蓝希望	机柜 800×800	高度达到43U 特殊可以定制
4	蓝希望	机架 1270×500×2000	特殊可以定制
5	蓝希望(服务器)	机柜 600×960	高度达到43U 特殊可以定制

2. 布线系统

行情服务器(主、从)二台服务器安装于一个服务器机柜。

资金服务器(主、从)二台服务器安装于一个服务器机柜。

二台 4006 安装于一个机柜。

6509 及相应设备安装于一个机柜。

10 台转换机安装于一个机柜，需要 3 台机柜用于安装转换机。

服务器机柜至主机柜使用 2 条 6 芯光纤，同时用 24 条超 5 类双绞线作备用。

每个服务器机柜安装一个 24 口跳线盘及 12 口光纤跳线盘，以满足将来扩展要求。

服务器的双绞线、光纤与主机柜相连。

转换机机柜用 24 条双绞线至主机柜。

根据客户相应要求决定是否要求在机柜上将双绞线打入相应的跳线盘。若在转换机一端的机柜不将双绞线接入跳线盘，则便于以后机柜位置移动。转换机一端机柜将双绞线接入跳线盘，则机柜以后位置相对固定，移动相对困难。

在主机柜一端将双绞线接入跳线盘，便于跳线。

7.11　网络方案特点

（1）高性能网络系统　先进的网络设备和支持全面的广域网应用协议，提供办公、应用、多媒体数据的传输。

（2）网络设计的灵活性　整个网络系统的设计不但要考虑现在系统的应用，而且考虑到将来公司的发展能够无缝的扩大网络规模和升级。

（3）支持各种网络协议及应用　该网络是开放式设计，支持多种协议，例如 TCP/IP、IPX、AppleTalk 等。在该网络上可运行几乎所有类型的应用程序，如 Lotus Notes、各种数据库、仿真终端软件、Windows NT Server、Windows 95、Windows 98 Client、Novell Server/Client、UNIX 系统、各种 OA 软件以及多媒体应用等。

（4）可靠性　为了保证该网络的可靠性，尽量减少由于产品故障造成的网络瘫痪，在设计上充分利用了 Cisco 在产品和技术上的特点，实现了从物理层、链路层到网络层均有冗余备份的高可靠性设计。

（5）安全性　适用多种安全控制技术，比如 VLAN 划分和 VLAN 间访问通信的控制保证了系统的安全性。

（6）易于管理和维护　基于分布式网络管理设计，方便灵活地管理广域网设备，使用 Cisco Works 提供的功能强大的网管软件完成了网管的所有任务。基于 Web 技术的 Cisco-Works 网络管理系统简单易用，功能强大。

（7）支持多媒体　Cisco 产品提供对 QoS 的强大支持，如 IP 多点广播（IP Multicast）、流量分类、优先级排队、HSRP 等。

IP 多点广播已经成为网络中的一项重要应用，并将越来越普及，它为网络培训等应用提供了技术支持。在一个先进的网络中，应能够提供对 IP 多点广播的支持。在本方案中，所选择的产品均支持 PIM、IGMP 等多点广播协议，这使网络设备可以识别多点广播申请信息和多点广播数据。此外，Cisco 还支持 CGMP 组管理协议，这种交换机和路由器之间的协议可以在交换机中建立多点广播组员管理表，从而只将多点广播信息传送给需要它的组员，减少了网络中不必要的流量和其他用户的 CPU 负载。

小结

本章以某金融集团整体网络建设为例，介绍建立企业网的整个过程。通过对本案例的详细分析，可以使读者在建立企业局域网时有所借鉴和帮助。

第8章 智能小区网络案例

8.1 需求分析

8.1.1 项目概况

随着计算机网络技术的进步，网络用户的所有传统业务和新型业务都将在数据网中传输，使投资和营运成本大为下降，并进一步推动用户上网的建设步伐。

实现了综合布线的住宅小区，如果仅从信息服务功能这方面考虑，对住户来说最有吸引力、用得最多的应该是小区提供的 Internet 应用和服务。随着网络应用的日益普及，上网将成为住户的必然需求，方便快捷的 Internet 服务将是人们梦寐以求的。因此小区的信息网络系统应首先能为住户提供各种基本的 Internet 服务，如让住户能够浏览 Web 页面、能收发 E-mail、进行文件传输、网上炒股等。

但是仅从信息方面考虑是不够的，还要考虑另外一个非常重要的方面——网络应用，因为小区网络仅从上网这个角度来考虑是片面的，也是浪费的。本案例要设计的小区网络方案，不仅仅是接入 Internet 的功能，更重要是有小区自己的应用，那样才能显示小区整体优势。小区信息网络系统包括利用 Web 服务器和数据库服务器，为小区的物业管理部门和住户提供小区各种网络应用，例如通过社区公告栏架起住户与住户、住户与物业管理部门的沟通的桥梁。通过小区网络上的综合电子商务平台，住户与商家可以利用小区网络实现网上购物、网上交易等安全、快捷的电子商务活动。用户还可通过小区网络与物业管理部门联系，要求维修服务或进行投诉。物业部门可在网上发布收费通知，而用户可在网上查询水电煤气的使用和收费情况。小区内部网还可以为住户提供网上游戏、网上聊天室等娱乐项目。

小区的物业管理部门内部可通过小区的网络实现办公自动化，通过数据库管理住户资料、内部员工资料和小区物业数据，而小区内的商家也能通过小区的网络发展自己的应用。

小区的网络系统还应该便于对住户的网络访问权限进行管理，同时应该具有足够的安全性，防止来自各种网络的入侵。

小区的网络服务不仅仅提供由小区到外部的访问通道，还要提供由外部到小区的访问途径，通过建造小区的 Internet 网站，向外提供房地产咨询、网上订购、网上预约看房等服务，使之成为外部了解小区的一个窗口，可为小区的开发商树立良好形象，促进住房销售。

如向小区提供上述服务，业主可以根据目前住户人数及高峰期访问量选择以何种方式上网，如 DDN 专线、ISDN、PSTN 拨号上网，根据我们以往的工程经验，并考虑到小区用户总数，建议使用 DDN 专线与外界连接，这样设计为住户提供了快捷的 Internet 服务。

考虑到网络信息技术的飞速发展，为了以后能提供 IP 电话、电子商务、远程教学、远程医疗、家庭办公等宽带多媒体应用，以及许多目前还难以预测的其他应用，系统还应具有相当强的扩展能力。

××智能小区网络系统现以某集团主控机房为中心,在下面的各个小区分别设立二级机房,然后再辐射到各栋楼、各个用户。从主控机房到各小区二级机房采用 DDN 专线或光纤进行连接,从二级机房到各栋楼房则采用多模光纤,每栋楼内用五类 UTP 连接各个用户。

××智能小区网络系统的目标是提供内部用户的高速网络连接,并可以快速连接市公共信息平台或 Internet,同时有利于集团企业内部业务信息的交流和管理。

8.1.2 网络设计的总体要求

××智能小区网络系统在总体上需满足以下几个原则:

1)先进性。采用世界先进的二层/三层交换机,提供高速的网络传输。

2)普遍性。采用的设备和网络方案是经典、成熟、已被普遍应用的。

3)统一性。必须遵循技术规范方案及规划,科学地统一建设。

4)可扩充性。必须随着需求的变化,充分留有扩充余地。

5)安全性及可管理性。应注意保证整个系统的可管理性和整个系统的安全性、可靠性。

8.1.3 网络设计的技术要求

根据上述总体要求,必须在技术上提供相应的支持和保证。

整个网络在技术上定位为千兆以太网主干网络,以光纤和双绞线为主要传输介质,因而对网络协议透明,故可以配置成以 IP 为主的高速 IP 网络。网络至少包括如下几个要素:

(1)网络结构的优化 网络体系结构要体现在网络层的层次化体系结构,可以减少对传统传输体系的依赖。

(2)包转发的优化 适合大型、高速宽带网络的特征,提供高速包转发机制。

(3)带宽优化 在合理的 QoS 控制下,最大限度的利用带宽。

(4)稳定性优化 最大限度的利用故障恢复方面快速切换的能力,快速恢复网络连接,提供符合高速宽带网络要求的可靠性和稳定性。

下面从主干层、接入层、可靠性、QoS、扩展性、网络互连、通信协议、网管与安全等方面论述××智能小区网络系统的技术要求。

1. 主干层网络承载能力

主干网核心千兆交换机 6509 和第二级千兆交换机 4006 设备并通过 Cisco 7206 提供高速的广域网连接,提供高可靠性、高性能的带宽。

主干网设备第二级交换机的无阻塞第二层交换容量为 24Gbit/s,多层交换能力为6Mp/s,具备足够的能力满足高速端口之间的无丢包线速交换。

主干网设备的交换模块或接口模块应提供足够的缓存和拥塞控制机制,避免前向拥塞时的丢包。建议的数据包缓存大小为每端口 512KB。

2. 接入能力

接入的核心是第二级主干交换机,与第三层中心交换机采用 2Mbit/s DDN 速率连接。网络设计应考虑提供足够的链路冗余能力、设备冗余能力以及网络的容灾能力,提供安全可靠的连接服务。

第二级交换机向第三级交换机 1900 系列提供 100 兆的光纤接口,每台 4006 交换机最大可提供 120 个百兆光纤口，用户计算机采用交换式 10Mbit/s 与 1900 系列相连，可提供比传统共享网络高得多的带宽。

3. 可靠性和自愈能力

包括链路冗余、模块冗余、设备冗余等要求。

1）链路冗余。在主干连接（主干设备之间）具备可靠的线路冗余方式。建议采用负载均衡的冗余方式，即通常情况下两条连接均提供数据传输，并互为备份。主线路切换到备份线路的时间应小于 10s。

2）模块冗余。主要设备的所有模块和环境部件应具备 1:1 或 1:N 热备份的功能，切换时间小于 3s。所有模块具备热插拔的功能。系统具备 99.999% 以上的可用性。

3）设备冗余。提供由两台或两台以上设备组成一个虚拟设备备件库的能力。当其中一个设备因故障停止工作时，另一台设备上的模块可以直接用到故障设备上。

4. 拥塞控制与服务质量保障

拥塞控制和服务质量保障（QoS）是高速网络的重要品质。由于接入方式、接入速率、应用方式、数据性质的丰富多样，使得网络的数据流量突发是不可避免的，因此，网络对拥塞的控制和对不同性质数据流的不同处理是十分重要的。

1）业务分类（COS）。网络设备应支持 6~8 种业务分类。当用户终端不提供业务分类信息时，网络设备应根据用户所在网段、应用类型、流量大小等自动对业务进行分类。

2）接入速率控制（CAR）。接入本网络的业务应遵守其接入速率承诺，超过承诺速率的数据将被丢弃或标以最低的优先级。

3）队列机制（QUEUING）。具有先进的队列机制进行拥塞控制，对不同等级的业务进行不同的处理，包括延时的不同和丢包率的不同。

4）先期拥塞控制（WRED）。当网络出现真正的拥塞时，瞬间大量的丢包会引起大量 TCP 数据同时重发，加剧网络拥塞的程度并引起网络的不稳定。网络设备应具备先进的技术，在网络出现拥塞前就自动采取适当的措施，进行先期拥塞控制，避免瞬间大量的丢包现象发生。

5）资源预留（RSVP）。对非常重要的特殊应用，应可以采用保留带宽资源的方式保证其 QoS。

5. 网络的扩展能力

网络的扩展能力包括设备交换容量的扩展能力、端口密度的扩展能力、主干带宽的扩展能力以及网络规模的扩展能力。

1）交换容量扩展。交换容量应具备在现有基础上继续扩充 4~8 倍容量的能力，以适应业务急速膨胀的现实。

2）端口密度扩展。设备的端口密度应能满足网络扩容时设备间互连的需要。

3）主干带宽扩展。主干带宽应具备 4~8 倍甚至更高的带宽扩展能力，以适应业务急速膨胀的现实。

4）广域网扩展。在广域网的接入层可以在未来运行 IP Over DWDM、IP Over SDH 等技术，建立起整个集团内部的高速 IP 宽带城域网。

6. 与其他网络的互连

1）保证与 Internet 国内国际出口的无缝连接。

2）保证与现有网络的无缝互连。

3）保证与下属网络或上级网络的无缝互连。

7. 通信协议的支持

1）可以支持 TCP/IP、IPX、DECNET、APPLE-TALK 等协议，设备商应提供服务营运级别的网络通信软件和网络操作系统。

2）支持 RIP、RIPv2、OSPF、IGRP、IS-IS 等多种国际标准路由协议。

8. 网络管理与安全体系

1）支持整个网络系统各种网络设备的统一网络管理。

2）支持故障管理、记账管理、配置管理、性能管理和安全管理五大功能。

3）支持系统级的管理，包括系统分析、系统规划等；支持基于策略的管理，对策略的修改能够立即反应到所有相关设备中。

4）网络设备支持多级管理权限，支持 RADIUS、TACACS + 等认证机制。

5）支持安全监控和控制机制，当发现存在安全漏洞和遭到攻击时，应及时通知网络管理人员，并应自动采取适当的措施予以保护。

8.2 主干技术选择

8.2.1 各种宽带技术

选择合理的网络主干技术对于一个网络来说十分重要，因为它关系到网络的服务品质和可持续发展的特性。网络主干技术指主干网设备之间的连接技术，宽带网络的主干必须选用相应的宽带主干技术。目前，可供选择的院区宽带技术包括以下几种：

1）异步传输模式（ATM）技术。采用信元传输和交换技术，减少处理时延，保障服务质量，使其端口可以支持从 E1（2Mbit/s）到 STM-1（155Mbit/s）、STM-4（622Mbit/s）、STM-16（2.4Gbit/s）、STM-64（10Gbit/s）的传输速率。

ATM 技术的最大问题是协议过于复杂和太多的信头开销，设备价格高而速率有上限（622Mbit/s、2.5Gbit/s 接口很贵），ATM 可以采用的技术有局域网仿真、ATM 上的多协议 MPOA、CLASICALIP OVER ATM、永久虚电路等。ATM 本来有很强的服务质量功能，可以实现很好的多媒体传输网，但在与以太网设备互连时，不能体现端到端服务质量，需要在以太网的数据格式和 ATM 的数据格式间进行转换，效率比较低。

2）千兆以太网技术（GE）。最高传输速率为 1Gbit/s，与以太网技术、快速以太网技术向下无缝兼容。

千兆以太网技术基于传统的成熟稳定的以太网技术，可以与用户的以太网为主的网络无缝连接，中间不需任何格式转换，大大提高了数据的转发和处理能力，减少了交换设备的负担。GE 可以很轻松地划分虚拟局域网，把分散在各楼层的用户连接起来，提供一个可靠快速的网络。GE 的造价比 ATM 便宜，性能价格比很好，投资的利用率较高。

8.2.2 千兆以太网

千兆以太网（GIGABIT ETHERNET,简称 GE）是 1998 年出台的高速的以太网标准。

IEEE802.3，是10Mbit/s以太网和100Mbit/s快速以太网标准的成功扩展，它使用了与以太网相同的碰撞检测（CSMA/CD）机制和相同的帧结构及帧长，为网络应用提供1000Mbit/s的传输速率。

千兆以太网作为以太网的升级产品，对10Mbit/s、100Mbit/s以太网具有更好的兼容性、易集成性，在技术上也具有更好的协调性。千兆以太网支持全双工和流量控制，在全双工方式下可以实现2Gbit/s的信息容量。千兆以太网还采用了802.3x的端到端的流量控制。其利用现有的大量以太网管理标准和工具，所有设备的状态、参数都有统一的形式，故障诊断也同10Mbit/s、100Mbit/s设备类似。

千兆以太网以传统以太网技术为基础，从以太网和快速以太网升级方便、快捷，最大限度保护用户现有投资。由于千兆以太网采用了许多与传统以太网相同的数据格式和传输协议，因而在从传统的以太网或是快速以太网升级的具体操作中只需增加插件或模块，在新的网络主干之间建立千兆位链路，或是增加千兆以太网交换机，而将原先的网络主干结构移向下级应用即可。它保护了用户在设备和技术方面的投资，也为园区局域网升级提供了较为合理的解决方案。

千兆以太网标准IEEE802.3z已经通过，各主要网络厂商不断推出一系列的产品，经济性、兼容性、协调性以及丰富的带宽资源和技术长处，决定了千兆以太网在城域主干网应用中必将取得主导地位。

8.2.3　GE与其他宽带技术的比较

与其他宽带技术相比，GE具有如下优势：

（1）保护现有投资

1）能够进一步提高性能。

2）费用最少（包括购置费用和技术支持费用）。

3）对处理新的应用需求和新的数据类型的适应性。

（2）与已有网络的接口　以太网目前有三种类型：10Mbit/s、100Mbit/s、1000Mbit/s。由于世界上有80%的网络节点是以太网，并且以上三种网络是向上兼容的，因此，千兆以太网最能保护现有投资。

另一方面，人们也可能会说，如果现在将网络换成ATM，尽管初期会有损失或价格昂贵，但从长远看还是很值得的。ATM可将现有网络带宽提高若干数量级。尽管它的发展很慢，但是将ATM用于高速的广域网主干是无可非议的。然而，在××智能小区网络系统这样的网络环境中使用ATM的必要性和可竞争性，将比不上易安装、易维护且价格低廉的千兆以太网。未来的宽带网将是数据直接在光纤上传输，ATM的地位将逐步缩减，而以太网作为接入方式将可以一直延续下去。在虚拟网支持中，由于ATM服务开展大多采用永久虚电路（PVC，RFC1483），同一端口产生的2条PVC之间不能直接通信，必需采用全网状拓扑结构或中心路由器进行转发，显然在扩充性和性能上比不上GE。

（3）后续支持费用　对网络支持的费用也非常重要，据估计安装网络只占组建网络总费用的20%。如今的以太网用户在运行以太网时已经取得了很多经验，所有这些经验仍然可用于千兆以太网，他们在跟踪网络最大负载及优化网络性能所做的开发，在千兆以太网也能保留使用。当然网络分析仪必须改进，以便用于帧格式和拓扑结构都不变而速度提高了的千兆以太网。千兆以太网用于培训的费用也最少。

（4）服务质量保证　新的 Internet/Intranet 应用，已开始出现声音和视频等新的数据类型。传统的以太网不适合实时的应用，事实上这也促使了在局域网上使用 ATM。

ATM 的服务质量保证（QoS）给用户提供了理论上的服务级别保证，保证用户实时的传输。因为传统的以太网没有能力根据应用类型提供服务质量保证，所以它曾被认为不适合传输包括声音或视频的多媒体数据。然而，新协议 RSVP 可使用网络预留适当带宽来传送多媒体数据。新标准 802.1Q（对虚拟桥接网络的标准）和 802.1P（对桥接网络中传输的级别及动态多路广播滤波服务的标准）将提供虚拟网能力，并提供在所有网络上传输包的优先级信息。因此，唯一支持 QoS 服务质量保证的 ATM 优点将会用于所有网络。

（5）兼容性　千兆以太网从定义上来讲与传统的以太网及应用最兼容，而 ATM 需要用局域网仿真来完成信元和数据包之间的转换。同样，现在的 ATM 还需要 RFC1577、IPOA、I-PNNI 或 MPOA 来支持 IP 应用，而千兆以太网却与 IP 兼容。

由于以上原因，千兆以太网是高速内部网的最佳选择。

如果选择千兆以太网将要配置高性能路由器来处理 IP 路由，下一代的路由器将由当前的每秒钟 10 万个包发展到每秒钟 1000 万个包或者叫线速度的路由器，目前的第三层交换机就已具有此功能。本方案中网络设备均可作为第三层交换机。第三层交换机通过专用芯片进行硬件级路由，转发能力已突破了传统路由器的限制，而且对集团用户的高速接入能力更强。

8.3　网络系统设计方案

8.3.1　设计思想

在 8.1 中总结了××智能小区网络系统的总体要求和技术要求，并且在 8.2 中讨论了为什么千兆以太网是满足这些要求的最好的技术。这些要求实际上主要反映了××智能小区网络系统在实际运行阶段的需要。

在设备选型上，建议选用业界最先进的 Catalyst 6000 系列交换机。6000 系列采用的三层交换技术为特快包转发技术（CEF），这种路由处理方式特别适合于包含上百个节点的大型网络；它不会像其他三层交换技术那样，随着网络规模的扩大而处理性能迅速下降。6000 系列的系统设计技术已经在 Catalyst 5000 系列上得到了充分的考验，被证明是成熟稳定而先进的。

在本章最后一小节讨论网络扩充方案时将描述最终设计方案。在这种规模的网络中，Cisco 的 Catalyst 6000 不仅比其他解决方案更符合用户的要求，而且在性能价格比方面更体现出优势。

8.3.2　小区网络系统组网方案

1. 网络拓扑结构

根据需求，在这次网络建设中，主干核心高端设备以 Cisco Catalyst 6509 多层交换机设备和 Cisco 7206 路由器为核心，它们之间采用 2Gbit/s 高带宽光纤连接，同时数据包将直接通过 DDN 专线实现高效、高带宽的网络传输，第二级主干交换机 Cisco Catalyst 4006 负责为每栋楼房的 1900 交换机的接入提供百兆光纤端口。

6509 和 4006 之间采用 1000Mbit/s 速率光纤连接，利用最小生成树技术，使得在 4006 到 6509 的两个连接上可以实现负载均衡。这样，用光纤连接可以实现全双工 2Gbit/s 的网络传输带宽，同时主干网络连接可以实现自我冗余保护，保证网络主干连接在其中一条出现故障时，另外一条可以在很短的时间内接管数据负载。Cisco 独有的 BACKBONEFAST 技术和 UPLINKFAST 技术可以在 4s 内恢复 6509 到 4006 的光纤链路。

××智能小区网络拓扑图如图 8-1 所示。

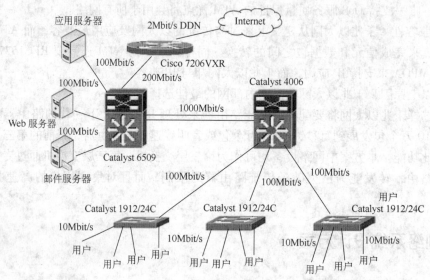

图 8-1　小区网络拓扑图

2. 网络主干—多层交换机

Catalyst 6509（如图 8-2 所示）为 Cisco 目前最先进的以太网交换机，为园区网环境提供高性能、多层交换能力，具有很高的千兆端口密度和 10/100Mbit/s 自适应端口密度。由于装备了 Cisco IOS，使得它可以提供比 Cisco 7500 系列高得多的转发能力和路由能力。6509 的背板可以由目前的 32Gbit/s 升级到 256Gbit/s，多层交换能力也可以从目前的15Mbit/s升级到 150Mbit/s。6509 支持 8 或 16 个千兆接口的接口模块和 48 个 10/100Mbit/s 自适应的接口模块，最多可以有 384 个 10/100Mbit/s RJ-45 接口或 130 个千兆接口。千兆接口的传输距离可以根据需要调整，接口类型可以混合。

图 8-2　Cisco Catalyst 6509

3. 核心路由器

路由器是当今网络中的主要构建块，它们为关键任务应用提供可伸缩性，是获得网络层服务好处的关键，包括安全、服务质量和流量管理。Cisco 7206VXR 高性能多功能路由器是 Cisco 7206 路由器的一个增强版，提供企业级的功能，突破了性价比记录。其集成了多服务互换（MIX）功能，提供支持未来数字语音端口适配器的集成化多服务扩展。NPE-300 是 Cisco 7200 系列 VXR 系统的网络处理引擎家族中最高性能的处理器。NPE-300 在快速交换中以每秒大约 30 万个信息包的速度运行，比 NPE-200 处理器的性能提高了 50%。Cisco 7200 的一个关键优点是其模块性，通过 2、4 和 6 插槽机箱，提供每秒 20 万个信息包的 3 个处理器，带有 48 个端口的广泛的局域网和广域网接口，以及单个或双重电源，客户可以获得所需的性能和容量。这种模块性还提供投资保护和可靠的扩展路径。

Cisco 7206VXR 有以下几个关键特性：

1）高性能交换。支持高速介质和高密度配置；通过其基于 RISC 和 SRAM 配置的系统处理器，Cisco 7206VXR 最高每秒可以交换 30 万个信息包。

2）全面的 Cisco IOS 软件支持和高性能的网络服务增强。高速执行服务质量、安全、压缩和加密等网络服务。

3）高密度端口。提供高密度端口以及广泛的局域网和广域网介质，大大减少了每端口成本，并允许灵活地进行配置。

4）公用端口适配器。利用和 Cisco 7500 通用接口处理器（VIP）相同的端口适配器，简化了备件存储，并提供接口投资保护。

5）高度的系统可用性。通过双重电源以及端口适配器和电源的在线插入和取出，最大限度地提高网络运行时间。

4. 网络主干—二级机房交换机

建议用 Cisco Catalyst 4006 交换机（如图 8-3 所示）作为与中心第三层交换机 6509 连接的核心设备，每台 6509 到 4006 有两条 1000Mbit/s 光纤连接。双链路之间既是负载均衡（Load Balance）又是冗余备份。

4006 具有 24Gbit/s 的交换背板，可容易配置成具有多层交换能力的高性能交换机，其多层转发率多达每秒 600 万个信息包，是二级配线间的理想选择。最多可向下级交换机提供 120 个百兆光纤口。

5. 用户接入

建议采用 Cisco Catalyst 1924C 或 1912C 交换机作为用户接入的交换机，这两款交换机都标准配置有 1 个百兆光纤口、1 个百兆双绞线口和 12 个（1912C）或

图 8-3　Cisco Catalyst 4006

24 个（1924C）10Mbit/s 的以太网接口，可实现与二级机房交换机 4006 的百兆互连及向用户端提供足够的端口支持。这样，每个用户就可以通过 1900 交换机实现独占式 10Mbit/s 速率接入小区网。

8.3.3　主要网络设备性能及技术说明

1. Catalyst 6000 家族

Catalyst 6000 家族是由 Catalyst 6500 系列和 Catalyst 6000 系列产品组成。Catalyst 6000 系列是为了满足骨干/分布层和服务器集合环境中对千兆端口密度、可扩展性、高可用性以及多层交换的不断增长的需求而设计的，它是 Catalyst 重要组成部分，这些产品分别继续提供

首要的布线室和网络核心层的解决方案。Catalyst 家族的各成员一起提供广泛的智能园区网解决方案，使企业 Intranet 实现多点广播、关键任务的数据和语音应用。

Catalyst 6000 系列提供卓越的可扩展性和性能价格比，支持高接口密度、高性能、高可用性等特性。与应用智能、服务质量（QoS）机制以及安全性结合在一起，使用户可以更高效地利用网络，增加终端业务（多点广播、ERP 应用等）而不会影响网络性能。采用 CiscoAssure，网络策略可根据二、三、四层信息（如特定用户、IP 地址或应用）提供端到端应用。

Catalyst 6000 系列具有如下优点：

1）可扩展的端口密度。

2）可扩展的交换性能。

3）Cisco IOS 和 CiscoAssure 提供的 Intranet 服务。

4）多级别的网络弹性和可服务性，旨在处理关键任务应用。

5）强大的网络管理，支持多种网管协议和软件。

6）投资保护，降低网络升级成本。

Catalyst 6000 系列交换机为园区骨干网提供了高性能多层解决方案，与 Cisco IOS 结合在一起，支持高容量千兆比特交换以及多层智能，从而高效地管理网络流量。

2. Catalyst 4000 家族

Cisco Catalyst 4000 系列产品为布线室和数据中心提供高性能、中等密度、10/100/1000Mbit/s 的以太网模块化交换平台。

Catalyst 4003 系列提供高性能的企业交换解决方案，最适用于中等数据中心服务器环境的布线室。Catalyst 4003 及 4006 利用多千兆比特结构，为 10/100/1000Mbit/s 以太网交换提供智能多层业务。具有三个模块化插槽的 Catalyst 4003 交换系统和具有六个模块化插槽的 Catalyst 4006 交换系统，利用了业界领先的 Catalyst 5500/5000 系列的软件代码库，提供客户在布线室所要求的丰富的和经实践证明的特性，以获得端到端企业联网解决方案。

Catalyst 4000 具有以下优点：

1）适应如今和未来需求的高性能新结构。

2）模块化机柜。

3）配置灵活性和模块化优势。

4）可扩展性。

5）冗余电源。

6）高速服务器站（Server Farm）连接。

7）基于标准。

3. Cisco 7200 家族

企业、服务供应商及客户仍不断需求降低运营及管理成本，简化网络管理，增加创收机会，Cisco 7200 将原先由分开的设备实现的功能集中于一个经济高效的平台上。多设备功能的集成，使 Cisco 7200 多功能平台可支持高密度 LAN 及 WAN 接口、直接 ATM WAN 连接、高密度多信道 T3/E3 或 T1/E1 连接、直接 IBM 主机信道连接、低密度 Layer2 以太网交换、数字 T1/E1 专用小交换机语音及视频编码器—解码器连接。

Cisco 7200 的主要应用环境包括：高端多功能 WAN 边缘、服务供应商 POP、IBM 园区及主机数据中心。

Cisco 7200 家族提供满足分布式主干网和地区办事处要求的卓越性价比。由于 Cisco 7200VXR 的推出，客户能够在他们的数据网络中集成增强的语音功能。现在，客户可以在整个企业的更多地方获得高性能网络层交换和服务的好处，包括安全、服务质量和流量管理

Cisco 7200 具有如下优点：

1）高性能交换。支持高速介质和高密度配置，通过其基于 RISC 和 SRAM 配置的系统处理器，Cisco 7200 每秒可以交换 20 万个信息包。

2）全面的 Cisco IOS 软件支持和高性能的网络服务增强。高速执行服务质量、安全、压缩和加密等网络服务。

3）高密度端口。提供高密度端口以及广泛的局域网和广域网介质，大大减少了每端口成本，并允许灵活地进行配置。

4）公用端口适配器。利用和 Cisco 7500 通用接口处理器（VIP）相同的端口适配器，简化了备件存储，并提供接口投资保护。

5）高度的系统可用性。通过双重电源以及端口适配器和电源的在线插入和取出，最大限度地提高网络运行时间。

8.3.4 网络管理及安全性建议——政策网络

××智能小区信息点众多，如何将如此规模的网络有效地进行管理和利用，直接影响到网络建设的成功与否。对网络进行有效管理和利用应包括对网络设备的监控、配置和优化，根据网络实际情况制定相应的网络管理策略以及确保网络运行的安全性。而 Cisco Works 2000 正是实现对 Cisco 网络设备进行监控、配置和优化的统一网络管理平台。

如今的商业应用网络仅仅能够实现对网络设备的监控和管理是远远不够的，更重要的是如何制定一个有效的网络政策来利用和实现网络的商业价值。CiscoAssure 政策网络就是帮助网络运营商充分实现智能化网络的商业应用。

如今，企业的网络化是企业商务发展的基础条件。内部网、外部网和 Internet 电子商务等网络商业应用的出台促进了生产力的发展，提供了空前的全球性商业机遇。目前网络中采用的商业应用越来越多（这已成为行业趋势），商业运作已经开始依赖于智能化网络。因此，企业网络管理者需要可以控制网络的使用以及为不同应用和用户组分配网络资源并划分优先等级的能力。

1. 政策网络的需求

网络管理者需要对带宽需求大的网络应用进行政策控制，这些应用往往消耗大量带宽，并增加了昂贵的广域网络资源开支，这是因为一个运作不当的应用就可能会使业务崩溃。对于政策网络的需求就在激烈的市场竞争中产生了。网络管理者必须针对网络商业应用需求制定专门的政策，将商业需要与所期望的网络行为对应起来。例如，如果某企业正在运行一个企业资源计划（ERP）应用（SAPR/3，Oracle Financials，BAAN，Peoplesoft 等），为了获得战略性的竞争优势，就必须建立一项给予网络资源 ERP 信息优先权的政策。这项商业政策可以自动地转变为网络操作行为，例如服务质量（QoS）机制，即可使 ERP 信息先于其他信息进行传输。

智能化网络提供了丰富的 QoS 和安全性能，可实现商业应用。然而对于网络管理者来说，这些特性的使用也许会显得过于复杂。因此，智能化网络中确实需要提供特性的动态自

动配置。网络设备应能动态调整，以支持要求日益严格的用户可移动性和新型的应用程序，如 Internet 网络广播和可同时支持数据、语音和视频的多媒体应用等。

通过 CiscoAssure 政策网络，Cisco 可满足用户对政策网络的需求。

2. CiscoAssure 政策网络

CiscoAssure 政策网络使得商业用户可以使用网络中的智能特性。CiscoAssure 政策网络结构以下列四个模块为基础：

1）包括运行 Cisco IOS 软件的路由器、转换器和访问服务器等在内的智能网络设备，实现和增强了网络中的政策服务。

2）政策服务。政策服务将商业需求转化为网络配置和服务质量（QoS）、安全性和其他网络服务等有效政策。

3）注册与目录服务。注册与目录服务可以提供地址、应用档案资料、用户名和其他信息数据储存间的动态连接。

4）政策管理。政策管理可在网络体系结构中，中央配置、控制服务的政策。

3. QoS 功能

多年来，QoS 一直是广域网的关键需求。带宽、延迟和延迟变化的需求都是广域网中优先考虑的内容。由于内部网和外部网应用的快速发展对整个网络提出了更高要求，端到端 QoS 的重要性也在不断增长。QoS 可以保护关键任务免受多媒体、网络广播及实时视频服务等需要极大带宽的应用干扰。

QoS 起到了如下几个重要作用：

1）保护 ERP 或自动销售系统等关键任务应用。

2）给予基于销售和工程等业务的用户组以优先权。

3）实现远程教学或桌面电视会议等多媒体应用。

网络管理员可能需要就不同的应用提供不同的服务级别。例如，当某位销售管理人员在销售季末输入一个订单，网络单词会识别出这一应用，并将其排于其他类型的信息之前。目前，Cisco IOS 软件中的 QoS 机制可以帮助网络对各种网络应用和信息类型进行控制和服务。Cisco IOS 软件的关键 QoS 功能包括以下几个方面：

1）加权随机早期检测（WRED）。网络管理员可根据信息流量类型的不同而制订不同的随机早期检测（RED）政策，WRED 可以在网络发生拥挤时对重要的信息类型给予优先处理，而对低优先级的数据，在拥塞发生前就有控制的丢弃一些包，这样可以避免网络流量的振荡。

2）加权平衡排队（WFQ）。WFQ 将信息包分成若干列或类别，然后对信息包的输出进行排队，以满足其带宽分配及延迟要求。WFQ 类可根据 IP 优先权、应用端口、IP 或引入接口进行指定。

3）资源保留协议（RSVP）。应用可以使用 RSVP 对必需的网络资源进行动态的请求和保留，从而满足其特定的 QoS 要求。通过代理 RSVP 功能，Cisco 的路由器可使用 RSVP 代表那些无 RSVP 功能的应用对资源发出请求。

4）IP 优先。通过使用现有的 IP 优先排队机制（如 WFQ，WRED 等），IP 优先信号在网络中区分 QoS。

5）基于政策的路由选择（PBR）。PBR 根据源地址和应用端口等标准为所选的信息包提供了定制的路由，并可经由 IP 优先权对信息包分类并作出标记，这使得主干网路由器可以在拥挤时给予其优先权。

4. QoS 政策

由于其静态性质，QoS 的配置过去一直非常复杂并且易于出错，因此限定了它只能用于广域网的边缘。QoS 的机制也使得它必须在每台设备上手动配置。现在通过 CiscoAssure 政策网络，政策配置得到了简化，可在网络中实现激活政策，从端到端使用 QoS。CiscoAssure 政策网络中 QoS 政策是以应用类型、用户组身份和其他的分类标准，例如时间、日期、甚至网络本身的拓扑结构中衍生出来的物理端口信息等为基础的。这些分类都利用了 CiscoAssure 政策和注册服务以及其他重要的网络信息服务，例如提供拓扑结构和设备信息管理系统等。为了设置 QoS 政策，网络管理人员使用可以拖放的政策管理图形用户界面(GUI)指定遵循商业规范的政策，然后通过 QoS 政策服务器创建并激活一个 QoS 政策绑定。公用开放政策服务(COPS)协议提供政策服务器和智能网络设备内含的 Cisco IOS 软件之间的政策交换。Cisco IOS 软件将政策绑定转化为本地 QoS 执行机制，如加权平衡排队(WFQ)和加权随机早期抛弃(WRED)等。

在政策激活后，指定的通晓政策的网络设备将确认各种通信信息分类，动态地执行适当的政策，无需手动参与。因此，网络管理员可以将精力投入明确商业政策，充分利用智能网络来自动识别和实现政策。

5. 注册服务

DNS/DHCP 注册产品是一种有效的 CiscoAssure 政策网络注册服务。DNS/DHCP 注册可以根据政策的类型来动态分配地址，并在用户组和政策服务器间建立绑定。例如，财务部可能需要在每天的特定时间或为某种应用类型提供特定服务，这个用户类型与政策服务器的绑定关系可以作为一个有效的机制帮助网络管理员控制网络资源的使用。再例如，企业网络管理员需要提供对多媒体应用的支持，但限定这些用户只能在网络的某些部分使用。通过政策的控制，网络管理员可以为特定用户建立政策，限制用户访问多媒体应用的带宽，例如，远程办公室仅支持 256Kbit/s。这个政策保护了与较高带宽应用共享速度较低的远程访问链路的关键任务信息的传输。没有政策的控制，网络关键网络资源就会被带宽需求大的应用或错误应用占据，只有通过 QoS 政策控制，商业及商业重要应用才能得以保障。

6. 安全性政策

安全性政策在企业中扮演了重要角色，制订了企业资源访问权限的规范。现在，安全性政策不仅需要支持企业内的用户，而且也必须支持企业外的用户，如合作伙伴、客户和从 Internet 对企业资源进行访问的员工等。Cisco 提供了全面的安全技术，对任何商业行为提供定制的安全解决方案。

安全性政策对于企业来说极为关键，其中包括园区网安全性能、针对移动用户和家庭办公者的远程访问安全性能以及基于 Internet 的 VPDN 和 VPN 等。

现在，Cisco 向企业提供的全面安全解决方案包括以下几个方面：

（1）Cisco Secure 访问控制服务器(ACS)　通过对远程用户的识别和确认，Cisco Secure 简化了远程访问政策控制。

Cisco Secure 数据库保存所有用户 ID、口令和权限，其访问政策可以访问控制列表(ACL)的形式下载到 Cisco AS5300 网络访问服务器等网络访问服务上。

（2）PIX 防火墙和 IOS 防火墙 Cisco PIX 防火墙和 Cisco IOS 防火墙保护重要资源免受未许可访问的入侵。许多现有的安全控制机制是建立在静态访问列表（ACL）基础之上的，ACL 只能在网络层，最多在传送层进行传送监控。现在，有了关联访问控制（CBAC），动态的应用监测和控制功能得以实现。CBAC 在 Cisco IOS 防火墙特性集中占重要地位，通过检查和跟踪应用层协议状态信息，CBAC 增加了智能性，可以根据会话状态的信息动态地创建或删除 ACL 条目。同时，CBAC 还对信息包控制通道中的应用特定命令进行监控。这是个极为重要的功能，因为许多应用协议（如 H. 323，FTP，RPC 等）都包括多个创建的通道，这正是控制通道中动态协商的结果。

加密技术实现了敏感信息的安全传送，杜绝了未授权的查看和修改。Cisco 提供了各种基于硬件的加密方案。Cisco IOS 软件加密技术已应用于大多数 Cisco 产品之中，支持 56 位和 40 位数字加密标准（DES）。同时，Cisco 推出了针对 Cisco 7200 和 7500 路由器的硬件加密，提高了高速接口上高吞吐量应用的加密性能。

Cisco 通过与 Internet 工程任务组织（IETF）和 Microsoft 等合作伙伴的共同努力，将端到端标准安全解决方案推向了市场，其中 Cisco 具有领导地位。例如，Cisco 正在推广的 IP 安全解决方案，是 IETF 的一组草案标准，它是达到 IP 设备间互操作加密和授权的重要框架。IP 安全性将使虚拟专用网络（VPN）和虚拟专用拨号网络（VPDN）等 Internet 应用的推广更为便利。

（3）安全监测和控制软件 NetSonar 和 NetRanger Net Sonar 是工业界第一个对网络的安全性主动全面地进行审计的软件工具。Net Sonar 对网络上存在的所有系统节点与互连设备节点进行安全性监测，并对可能的安全性漏洞进行预警。

Net Ranger 包括两个组成部分：NetRanger Sensor（传感器）与 NetRanger Director（控制器）。NetRanger Sensor 透明地监测在网络中的数据包是否合法，如果网络中某些数据流未经授权或非法活动，就会实时地发现并转发一个报警给 NetRanger Director，同时冻结网络的入侵者。

7. 远程访问政策

Cisco 的远程访问安全政策的实现对象是那些远程办公的员工和通过综合业务数网（PSTN）拨号的移动用户。有了 Cisco Secure 和 AS5300 网络访问服务器，安全政策得以在公司网实现。例如，拨号进入的员工先要进行身份认可，当他在连入时，AS5300 将用户 ID 和密码信息传送至 Cisco Secure 进行确认。AS5300 和 Cisco Secure 使用标准协议，如 RADIUS 或 TACACS＋等进行通信。这些协议允许 Cisco Secure 与 Cisco 路由器，网络访问服务和防火墙通信。然后 Cisco Secure 根据数据库的信息查对口令，并确认用户。一旦得到确认，Cisco Secure 就向 AS5300 发回认可信息，这个认可信息中包括了用户权限，所以 AS5300 能防止对公司资源未许可的访问发生。

Cisco Secure 也支持更先进的用户身份认定技术，如令牌卡等。目前正日趋流行的身份认可方法是由令牌卡或软令牌支持的一次性口令，这种方法已经常用于流动用户的身份认定。

8. 虚拟专用拨号网络政策

许多企业正在使用或计划使用 Internet 将远程办公室移动用户和合作伙伴与企业相连。由于网络管理人员需要在全球各地提供廉价连接，这一领域预计在今后几年内将会蓬勃发展。企业的远程访问安全政策可以通过 Internet 扩展，由 Cisco Secure 在企业中控制，远程工作用户或移动用户拨号进入本地的基于 Cisco 网络的 Internet 服务供应商(ISP)并通过安全的 VPDN 与企业总部相连。ISP 使用 Cisco 的全球漫游服务器(GRS)将登录 ID 和口令与企业 Cisco Secure 控制台配合。VPDN 方案和 Cisco IOS 防火墙产品共用,可在 Internet 上对公司网络进行安全远程访问。这里,企业的公司路由器使用 RADIUS 或 TACACS + 协议来请求 Cisco Secure 确认进行远程连接的员工的用户、口令或令牌卡。在用户身份确认后,Cisco Secure 将用户的确认权限通知企业的网关路由器,再由路由器告知 ISP 的通用访问服务呼叫已被接受,并向远程用户分配一个地址。接下来用户就可以通过 Internet 的加密信道访问他权限范围内的企业资源。新兴的 IETF 第二层信道协议(L2TP)标准支持加密信道。

9. 虚拟专用网络政策

VPN 允许使用公用 Internet 来代替昂贵的 WAN 服务,这样可大大削减费用。然而,为使基于 Internet 的 VPN 能够替代租用线路或帧中继服务,它必需能提供同后者相同的安全性、服务质量和可靠性。

VPN 政策要求在远程办公室或商业伙伴与企业网总部之间建立安全信道。在数据离开远程办公室路由器之后,它必须用信道协议进行封装。Cisco 的 VPN 解决方案用 L2TP 和 IP-Sec 等技术来提供可进行互操作的身份确认和加密服务,以确保公用 Internet 体系结构上的数据安全。

MPLS 是一种从开始就定义了 VPN 参数的协议,可以提供最好的 VPN 解决方案。其最大的优势在于具有最好的扩展性,可以支持上万个 VPN。

10. Cisco 目录服务

CiscoAssure 政策网络的一个重要之处就是智能化网络政策和标准目录服务的集成。目录为包括各种系统、打印机和应用在内的所有网络资源提供了集中化保存的常用命名服务。通过目录集成,网络管理员可在任一台终端增加新用户或改变访问权限。

最初,CiscoAssure 政策网络将与标准的轻便目录访问协议(LDAP)第 3 版兼容的目录集成。这样它即可与基于 LDAP 目录服务集成,并成为 Microsoft 激活目录技术的核心数据访问协议。激活目录技术支持关键的 Internet 标准,如 LTD、DNS、HTTP 和 X. 500 等,而且它可以用来向各种规模的企业用户提供统一的网络服务,并可针对特定工作组或个人对网络服务进行剪裁。Cisco 已成为了 Microsoft 激活目录技术的许可公司,它们将共同开发具备 Cisco IOS 网络服务功能的激活目录服务。Microsoft 和 Cisco 将在 Microsoft Windows NT5. 0 中改进激活目录技术,使其支持按需带宽管理等先进网络服务。另外,Cisco 还将在 UNIX 平台上激活目录服务技术。

除了联合开发,Cisco 和 Microsoft 还将和关键厂商及客户共同定义一个行业范围的目录服务网络(DEN)规范。DEN 规范为带目录服务的集成智能网络设定了信息模式、使用和详细计划。

许多开放式 DEN 规范评述已成为开放式设计评述的一部分,其结果递交给桌面管理任务组织(DMTF)进行标准化,激活目录的监制和同步。通过 CiscoAssure 政策网络与 Microsoft 激活目录技术的集成,可管理的网络资源的各个部分都紧密集成,简化了它们的管理和维护,确保了网络的可扩展性和可靠性。

11. CiscoAssure 实现过程

CiscoAssure 政策网络是逐步实现的。在每一阶段,Cisco 的智能网络会更加通晓应用,服务质量与安全性能也会进一步提高。

（1）第一阶段　目前，Cisco 已经能完整提供第一阶段服务。许多端到端政策控制所必需的智能网络服务已经由 Cisco IOS 软件开发出来。

重要的 QoS 机制包括以下几种：

1）加权 RED(WRED)。

2）加权平衡排队(WFQ)。

3）IP 优先权。

4）基于政策的路由选择(PBR)。

5）资源保留协议(RSVP)。

6）提交访问速率(CAR)。

可选的安全机制包括以下几种：

1）内容访问控制(CBAC)。

2）普通信息高速(GTS)。

3）帧中继信息高速(FRTS)。

4）链路分段和交叉(LFI)。

在这一阶段，必须根据基础设施静态设定政策。政策可以在本地的特定设备上管理，也可通过如可提供安全性的 Cisco Security 或可进行移动设置和用户跟踪服务的交换网络 Cisco Works(CWSI)进行管理。

（2）第二阶段　Cisco 已经开始提供二阶段的一些服务内容。

在第二阶段，Cisco 将推出政策管理 GUI，它通过 QoS 政策服务器集成了政策配置。QoS 政策服务将激活 Cisco 基础结构中的政策并利用 IETFCOPS 协议等新技术交换信息。

在这期间，还将推出 DNS/DHCP 注册服务，这一服务是新一代的 DNS/DHCP 解决方案。DNS/DHCP 注册服务将支持 LDAP 第 3 版和实时的动态 DNS 更新，它还将根据与政策服务器交换的动态注册信息对用户进行分类。此外，还将强化安全政策，充分利用动态 DNS/DHCP 注册功能。

现有 Cisco 智能网络设备也会得到改进。除了现有的 Cisco IOS 网络服务外，Cisco IOS 软件还会向 QoS 政策提供动态应用许可。

（3）第三阶段　在这一阶段，Cisco 将推行 CiscoAssure 以便与目录服务架构更紧密的集成。与 Microsoft 激活目录技术的集成将充分利用关键的同步技术和复制特性，并通过 CiscoAssure 政策和注册服务提供了进一步的 DEN 集成。

Cisco 还将在这个阶段为视频和语音政策推出新型服务，如 H. 323 电话地址的政策映射以及对网络地址的拨号许可和视频会话控制等。

CiscoAssure 政策网络是集中政策控制的基础，实现有关 QoS 和安全性能的企业政策。随着全球性商务对网络的更多使用，它已成为企业运作的关键基础，这就要求提高可靠性、安全性和带宽控制的水平。

政策网络将成为行业的新标准，确保网络管理员可以克服网络的复杂性，提供更高级的网络服务，其最终目标是在整个企业中提供安全商业应用的智能化网络。

8.3.5　网络增值业务

降低成本增加收入的最好办法就是合理地进行网上投资，而做到这一点的最好方式就是使增值服务有差别。增值服务提供一系列访问功能使客户可以准确地在他们需要时选择所需要的服务。能否保证在网络流量最高峰期进行迅速访问，能否针对不同层次的员工和客户提供不同级别的安全访问以及能否支持最新的网络应用——即满足用户和组织的要求是业务能否持久的关键所在。

网络的许多增值服务，通过网络优化和适当的技术增强，往往可以以占整个网络十分之一的投资，获得网络服务百分之九十的利润。这些可以直接获得利润的增值业务包括以下两类：

1）IP 视频技术。Cisco 的 IP/TV 产品可以在 IP 网上提供到每台 PC 的视频广播和视频点播服务，可以进行实时的网上软件培训和业务培训。

2）IP 话音（VOIP）技术。Cisco 可以提供直接在 IP 网上运行的 IP 电话机，这种电话机下面还可以串联 1 台 PC，采用 1 路布线，就可以做到电话与数据传输两不误。

8.3.6 网络系统扩充方案

××智能小区网络系统的建设成功后，可能将来面临网络的扩充问题。网络的扩充可能会对网络系统三方面提出要求：

1）接入交换机的增加，这将意味着第三层交换机的交换容量及支持端口数量也要相应增加，这要求现在的网络设计能够很平滑地升级到更多网络节点时的网络结构。

2）随着网络规模的扩大，主干设备的背板处理能力可以有充分的扩展余地。

3）网络的主干带宽能够有充分的可扩展余地。

增加的网络主干设备仍然是使用千兆以太网加入到原有网络中，并不改变原有网络的网络结构。对新增加的交换机，只须增加相应的模块或第三层交换机即可以实现。如果发现网络设备的处理能力不够，可以很容易通过将主干设备 6506 的背板升级的方式，提升背板处理能力，目前可以提升到 256Gbit/s 的背板处理能力。这样，既可以实现网络的升级，又能充分做到网络的投资保护。

8.4 方案特点

1. 业务特点

主要通过独占式 10Mbit/s 接口为每个用户提供高速的网络传输，传输内容可以为数据、语音或图像。

2. 高可用性

网络中核心交换机和路由器的相互备份、负载均衡、冗余电源、模块可热插拔技术及二级机房交换机之间的冗余链路都为用户的网络实现更高的可用性打下了基础。同时，由于网络设备采用了同一厂商的产品，设备的配置方法相似，培训和维护工作难度降低，维修和故障排除也较易实施。

3. 设备特性

Cisco Catalyst 6000 和 Catalyst 4000 系列是 Cisco 最先进的千兆交换机产品，具有广泛的用户群体。并且 Cisco 7200 系列路由器也是业界有口皆碑的高性能、高可靠性路由器，在企业、政府、电信、金融等部门都有着广泛的成功应用案例。

（1）Debug/诊断功能 Cisco 独有的 Debug 功能可以察看设备运行的任何情况，对数据进行跟踪分析，有利于快速排除障碍。

（2）网上邻居功能 传统的网络管理必须通过 SNMP 来察看设备件的连接情况。Cisco 独有的 CDP 功能可以不通过 SNMP 来发现网上的节点连接情况，并且可以清楚地列出有多少条物理连接。这对于安装初期和后期的连接故障诊断非常有用，因为只要物理上连通，就可以发现网上邻居，此时不需要 IP 地址等网络参数配置。

（3）千兆通道技术可实现高效的并行链路传输 最多可以把 8 条 GE 链路绑成一条逻辑通道，传输速率可达 8Gbit/s，并且可以设置为负载均衡和自动备份方式，确保性能和可靠性。

（4）快速链路恢复技术 Cisco 独有的 UPLINKFAST、BACKBONEFAST 和 PORTFAST 技术可以让链路恢复正常的时间降至最少。由于虚拟网的维护需要运行 SPANNING-TREE（最小生成树），其他厂商的设备需要较多的时间进行计算工作，大致在 40s 左右，因此造成了人们认为 GE 不适合做网络远程主干的错误概念。Cisco 的技术可以让整个时间在 5s 内，GE 支持最长距离为 100km。

（5）网络端口分析功能 交换机的特点是点对点传输无法被第三者看到。为了排除应用层的错误，有必要监视端口之间的流量，普通的交换机不具备这种监视端口，可以把相关端口的流量映射到监视端口，然后由协议分析器进行分析。Cisco 提供这种端口，并可以加插此类板卡，以提供 RMON 全部九组功能。

（6）安全性

1）端口安全。每个端口都可以设置成端口号和网卡地址一一对应的关系。如果另一个网卡想要通过这个端口连接上网，因为不符合一一对应关系，将会被拒绝。

2）网络层安全。Cisco 的第三层交换机支持访问控制列表功能，可以禁止某些数据包进出本交换机。进一步，还可以核对数据包的发送者，防止伪造 IP 地址，并可以对路由信息进行加密，防止路由信息伪造等。

3）虚拟网功能。关键部门通过划分虚拟网，可以形成一个封闭的逻辑网段，所有本网段产生的数据包不会流出本网段。不同的虚拟网之间不能直接通信，需要通过第三层交换机进行路由，只要在第三层交换上增加访问控制功能，可以设定不同的虚拟网之间的通信规则，保障安全性。

4）管理安全性。为防止窃取口令后对交换机进行配置，可以对交换机设定加密口令，并指定某些 IP 地址可以登录到交换机上进行远程配置。结合端口与网卡地址的一一对应功能，可以防止非法闯入交换机进行管理。

5）DHCP 管理。Catalyst 6000 系列支持 DHCP 代理功能。PC 通过 DHCP 动态获得 IP 地址，如有必要可以把网卡地址与 IP 地址设定为一一对应关系。对运行 Windows 操作系统的计算机，去掉 NetBeui 协议的运行，改用 Internet 协议登录到 NT 系统，保证如果不正常登录，就无法使用网络打印机或访问服务器上的某些目录。

8.5 技术支持和技术服务

由于本网络主要采用 Cisco 产品，因此技术支持与技术服务分为两部分：本公司的技术支持与服务和 Cisco 公司的服务。

1. 网络的维护和技术服务

1）网络运行稳定性的监测。在网络试运行期间，工程人员需经常到工程现场进行运行情况监测及有关人员的现场培训，直到保证用户的通信技术人员已经掌握基本的操作和经验，具备独立进行系统管理和异常情况处理的能力。

2）提供实时安全性登录现场的服务。在网络正常运行后，在使用单位方面的允许下和监控下，工程人员可以用拨号入网方式登录现场进行维护服务。

3）标准化的故障处理和应急服务。在网络出现了异常情况后，能及时派出工程人员第一时间赶到现场解决问题。在问题不明确或解决有困难的情况下，可以请设备供应厂方专家协助解决。

2. Cisco 公司服务

Cisco 所提供的技术支持包括以下 4 个相互关联的部分：

1）7 × 24 小时热线技术支持。

2）硬件先期更换。

3）系统软件版本升级。

4）电子技术支持系统。

8.6　工程施工及管理

为了保证××智能小区网络工程圆满完成，制定了一套网络工程计划。

1. 网络工程管理

1）详细地计划好工作量和技术力量，保证参与网络工程的各成员知道每一个环节的重要性。

2）合理分配网络技术人员，保证各工作小组施工进程。

3）网络顾问将保证工程一直按设计进行，品质保证员将保证工程质量和正确的工作程序。

4）智能小区网络安装完成并经过一段时间试运行及验收后，网络系统方可以正式投入使用。

2. 网络工程施工

××智能小区网络工程施工包括以下几个要点：

1）设备固定安装前准备。

2）网络设备布线及安装。

3）网络设计。

4）网络性能分析。

5）网络审核。

6）带宽的分配和管理。

安装阶段主要分为四个步骤：安装前准备、网络布线、家庭安装以及最后的全网安装。

其中，安装前准备是安装中一个重要部分，为确保顺利安装和较少花费，一个完善和齐备的安装环境是必需的。安装前准备应包含如下因素：

1）为通信设备提供足够置放空间。

2）使设备和用户端得以更好连接。

3）稳定电源系统。

安装过程必须伴随一系列的安装测试报告、系统参数文档、性能测试文档。在安装过程中，受过集成网络系统专业培训的系统支援小组是工程质量的保证，并尽可能配备最先进的测试设备进行设备调测和安装工作。

8.7　系统实施方案

系统实施是××智能小区网络系统付诸实现的阶段，信息工程相对其他工程技术项目而言，是一项投资较大，周期较长，人员投入较多的工程，因此必须有充分的思想准备，同时要花大力气进行技术准备、物质准备和组织准备，使系统整个开发过程中具有充足人力，物力和资金，同时也要认识到，实施过程中，可能会不同程度使管理机制和业务流程有所变化。

1. 系统实施原则

1）领导原则。领导对系统建设重视和介入的程度直接影响到系统成功与否，起着决定性作用。只有领导亲自参与系统规划、决策、落实与组织指挥，该系统才能建设好。

2）遵照"统一领导、统一规划、统一标准"进行系统建设。全面规划，分期实施，循序渐进，逐步发展，对最迫切、条件成熟、效益显著的安排优先开发。

3）从实际出发，讲究实效，一定要结合本单位实际情况加以利用，不可盲目照搬。

2. 组织机构

为确保系统顺利实施，建议双方共同组成相应的工程实施机构。

（1）领导小组　由厂商、集成商与用户单位的领导共同组成，是整个工程实施的决策机构。

（2）总体组　由厂商、集成商和用户单位技术负责人员共同组成，具体任务如下：

1）制定系统总体方案。

2）制定技术和工作规范，指导网络组、环境组和协调组工作。

3）监督和检查实施计划执行情况，对工程质量进行实时监管。

4）解决系统集成与开发过程中技术问题。

（3）专家咨询组　由集成商、厂商、用户单位及外聘网络专家组成，负责如下任务：

1）总体方案及实施计划咨询。

2）业务规范及技术咨询。

3）重大决策咨询。

（4）实施组

（5）质量检查组

小结

本章以某智能小区网络为例，介绍建立智能小区网的整体过程。通过对智能小区网的详细分析，对读者在建立智能小区局域网时有所借鉴和帮助。

第 9 章　政府上网工程案例

政府上网是近几年的一个热点，许多网络公司都参与到政府网络的建设中来，许多地方政府也积极进行网络的建设。本方案详细分析了政府网络的应用背景和需求，给出了可行的设计方案，重点强调了安全问题。

9.1　案例背景

时下，信息化浪起潮涌，全球各个角落无一例外地被卷进一场狂飙般的信息革命中。以高度信息化为标志的信息社会正大步朝我们走来，Internet 正迅速成为人们生活的一部分。政府部门作为社会的重要角色，理应更早地实现信息化，第一时间在 Internet 上建立自己的网站。

中国电信总局和相关部委信息主管部门策划发动和统一规划部署，各省、自治区、直辖市电信管理局作为支持落实单位，联合信息产业界的各方力量（ISP、ICP、软硬件厂商等），推动中国各级政府部门在网际网络上建立正式站点并提供信息共享和便民服务的应用项目，构建中国的"电子政府"，这便是"政府上网工程"。

"政府上网工程"的实施，实现了政府部门之间、政府与社会各界之间资讯的互通，以及政府内部办公自动化。

在 Internet 上实现政府的职能工作。政府上网后，可以在网上公布政府部门的名称、职能、机构组成、工作章程以及各种资料、文档等，并公开政府部门的各项活动，为公众与政府打交道提供方便，同时也接受公众的民主监督，提高公众的参政议政意识。与此同时，由于 Internet 是无国界的，政府上网将能够让世界更好地了解中国，加强与世界各国的交流。

"政府上网"将极大地丰富网上的中文信息资源，为我国信息产业的健康发展创造一个良好的生态环境，同时对促进我国政治、经济和文化的发展产生深远的影响。据统计，目前各个部委的信息资源占全社会信息资源总额的比例达百分之八十，这些信息资源对公众来说是很有用处的，如国家教育部可以把全国各大专院校的情况上网，供全国考生查询与选择等。反过来，政府上网带来的信息资源的丰富又会促进更多的百姓上网。

"政府上网工程"的实施将对国民经济信息化建设产生革命性的影响。"政府上网"是一种政府认可的行动，这一性质决定了它较一般的市场自发行为更具有推动力。政府上网需要建设大量的信息工程，要采购大批的信息产品，这对厂商来说是一个重要的商机，将对整个国民经济的信息化发展起到直接的促进作用，从而最终带动整个信息产业与服务业的繁荣。

9.2　系统概述与需求

1. 系统建设的目的

建设××市党政综合信息网的目的如下：

1）进一步加快全市党政机关办公自动化的进程，实现政府职能的网络化，提高各级领导的决策水平。

2）推动政府工作体制和工作方式的改革，打破部门之间各自为政的局面，通过信息畅通，保证政令统一，提高办事效率。

3）通过网络加强政府与广大市民的联系，听取群众的意见和心声。

4）通过政府上网，挖掘政府部门拥有的丰富的信息资源，为全市企、事业单位服务，促进信息资源的应用，促进××市经济发展和社会进步。

5）通过政府工作网络化，树立××市现代化形象，推动全市信息化工作的开展和信息产业的发展。

2. 系统建设概况

1）建成市委、市政府办公自动化骨干网。

2）建成政府网站。

3）接入国际互连网。

3. 总体需求

组建网络的总体需求如下：

1）建立一个全市的信息管理和应用的网络系统，建立市委市政府内部的 Intranet，并提供相应的各种服务。

2）能够有序地共享网络上的各种软、硬件资源，各种信息能够在网络上快速、稳定地传输，并提供有效的网络信息管理手段。

3）整个系统采用开放式、标准化的结构，以利于功能扩充和技术升级。

4）能够与外界进行广域网的连接，提供、享用各种信息服务。

5）具有完善的网络安全机制。

6）能够与原有的计算机局域网络和应用系统平滑地连接，调用原有各种计算机系统的信息。

9.3 局域网技术概述与分析

1. 局域网技术概况

目前在局域网组网技术中比较成熟和应用较多的技术有以下几种网络类型：

1）Ethernet。10Mbit/s、100Mbit/s、Giga 以太网。

2）ATM。25Mbit/s、155Mbit/s、622Mbit/s、2.4Gbit/s。

3）FDDI。100Mbit/s（面临淘汰）。

在端口数据分配上，分为共享式和交换式；网间数据交换核心方面，分为路由和三层交换两种技术。

在以上几个方面中，网络类型的选择是关键，目前的主要技术之争是发生在以太网和 ATM 之间，这两种技术各有短长。

ATM 技术相对以太网来说是一种较为新型的技术，它基于面向连接，提供 QoS 保障，在实时数据传送，预留带宽方面有不可比拟的优越性，特别适合实时多媒体的交互式通信和一些突发性的数据传送要求。它针对不同的数据通信类型会给予不同的质量保证，另外小信元有利于速率的不断提高。但由于其技术成熟度不够，和目前直接基于 ATM 的应用类型还比较少，它的优越性受到了限制，此外，它的元件和设备价格昂贵是另一个不利于推广的弱点。

以太网技术相对成熟，而且多数应用于以太网开发，所以决定了目前在网络中占主导地位，受多数用户的青睐。在此推荐使用千兆以太网技术，它在技术上由快速以太网衍生出来，性能价格比高，现在相关技术已经稳定。在此方案中，选择千兆以太网与三层交换作为技术定位的基本模式。

2. 网络技术选择

根据实际应用需求和网络功能、性能、安全性等多方面的分析，对本案例的网络技术做出如下选择：

1）根据应用系统的需求和接入网络方式的特征，××市委市政府网络采用交换与共享技术结合的方式构建自己的网络通信平台，采用虚拟网络划分技术。虚拟网络间数据传输实现第三层交换，为桌面设备提供10/100Mbit/s以太网接入，并同时具有技术领先性。

2）主干为千兆以太网。

3）服务器以100 base-T接入。

4）普通网络用户PC采用10/100 Base-T方式接入。

5）网络基本形式为交换式网络。

3. 网络设备的系统结构

1）选择完全分布的系统结构（处理能力分布和存储能力分布）。

2）选择存储转发式交换技术（Store-forward）以支持低速网络接口和高速网络接口的交换及对错误帧的过滤。

3）选择统计时分复用（TMD）数据交换总线结构的交换设备减少系统延时。

4）选择支持多种网络接口的设备。

4. 虚拟网络

1）灵活多样的虚拟网络划分手段，基于端口、地址和给予应用。

2）虚拟网络中的站点不应受接口类型的限制。

3）支持网络站点的自由移动，虚拟网络标志可被交换设备自动识别以保持原有虚网属性。

4）虚拟网络可延伸到整个信息中心网络，跨越各种交换设备。

5. 路由功能

1）内部路由采用三层交换功能，提高其路由识别和包转发能力。

2）内部的三层交换虚拟路由功能与外部路由功能有互操作性。

6. 容错功能

1）提供交换机内部重要模块的全双工配置（管理模块）和冗余接口。

2）主要功能部件的热插拔功能。

3）支持网络链路的冗余连接。

7. 网络管理

1）支持广泛的网络管理平台（如HP OpenView、SUN NetManager等）。

2）提供交换机配置、管理，虚拟网络配置、管理和网络性能统计监控的。

8. 网管工具

1）基于SNMP网络管理协议，支持标准的MIBs。

2）提供友好的用户图形界面。

9.4 网络方案设计

9.4.1 网络设计思想

根据上节的分析，本方案的设计采用国际流行的分层设计：自顶向下进行结构化设计，自底向上实现各种业务。根据以往的经验，××市市委市府的计算机网应具有如下特性：

1）前瞻性。即所采用的技术应是国际通信界公认的主流技术，具有持续发展的潜力。

2）兼容性。目前，国内各种网络的建设方兴未艾，保证网络良好的兼容性是业务扩展的重要前提之一。

3）经济性。网络建设的最终目的，是要服务于社会和公众，并产生可观的经济效益，进而产生收益和投资之间的良性循环。

4）演绎性。网络建设是一个可持续滚动发展的过程，只有不断的吸收营养、发展壮大，才能产生更大的经济和社会效应。

5）竞争性。只有有竞争力的网络才能在市场竞争中脱颖而出，独占鳌头。

6）稳健性。因为网络系统在将来政府办公的地位非常重要，所以市委市政府计算机系统对系统的稳健性将有较高的要求。本方案正是结合实际需求对于系统的稳健性进行了深入的设计。

为了实现上述特性，应本着以下原则进行设计：

1）充分依照国际上的规范、标准，借鉴国内外目前所流行的主流网络体系结构和网络运行系统，采用国际上成熟的模式，汲取国内外各种信息系统的建设经验，从网络信息化的实际要求出发进行设计。

2）确保技术的先进性和实用性，使网络具有良好的可扩展性和灵活性，以适应网络的迅猛发展趋势，既满足当前需求，又照顾未来网络建设发展的需要。

3）充分利用当地已有的各种网络资源，确保网络内部的互连互通。

由于此网络是一个实用的服务运行系统，在总体设计时充分考虑工程的可靠性、可用性、可维护性以及网络的安全性，建立完善的安全管理体系。

另外，本计算机信息系统的建设是一项庞大而繁杂的工程，它需要领导的支持、大笔资金的及时到位、计算机专业人员具有良好素质和较高技术水平，以及应用科室的配合和多部门的密切协作。所以对于系统的建设提出"总体规划、分步实施"的建议，在制定总体规划时，遵循"切合实际、分阶段实施、循序渐进、安全有效"的基本原则。网络结构的选择具有先进性和安全性，扩充升级方便，可保护前期投资。

基于上述因素考虑，××市委市政府计算机网络建设思想如下：

1）基本构架采用国际上目前流行的 Intranet 网络技术，以 TCP/IP 为基本传输协议。

2）主干网采用千兆以太网技术，以便满足市委市政府系统中大量数据传输的要求。

3）分支网络采用 Fast Ethernet 技术以满足普通应用需求。

4）采用先进的虚拟网络技术，将网络按功能模块划分成不同子网，增强网络的安全性。

5）融合 Web 技术，Proxy 技术等 Internet 综合应用。

6）采用 FireWall 防火墙技术提高网络安全性、可靠性。

9.4.2　网络逻辑结构

　　××市委市政府计算机网络的逻辑拓扑结构如图9-1所示。

　　在逻辑拓扑中网络可划分为若干虚拟局域网，虚拟局域网不受设备物理位置的限制，灵活性较大。按各部分功能划分：Server VLAN 为服务器群虚拟网络，将各种主要服务器（Web 服务器、管理数据服务器、邮件服务器、FTP 服务器等）放在一个虚拟网络内便于管理、维护，同时也可以尽可能减少外部入侵及破坏系统的可能性；VLAN1、VLAN2……根据不同的职能部门划分，如：市府办、市委办、组织部、人事局等。

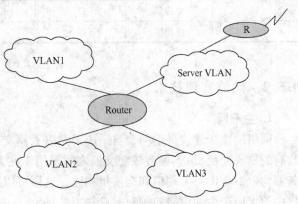

图9-1　市委市政府计算机网络逻辑拓扑结构

9.5　网络实现

9.5.1　系统需求

　　目前××市委市政府已经完成了综合布线部分的工程。××市市委与市政府分别是一个独立的大院，相距8km，相互之间要通过网络共享一部分数据。下面列出市政府与市委大院的相关单位以及对网络的需求。

　　（1）市政府　市政府信息节点统计见表9-1。

表9-1　市政府信息节点统计

序号	单位名称	信息点数	序号	单位名称	信息点数
1	财办	11	10	国土局	15
2	外事办	8	11	法制局	4
3	经委	22	12	外经委	15
4	农委	15	13	市统计局	16
5	计生委	12	14	市计委	16
6	无委	5	15	市府办	39
7	体改委	9	16	市研室	7
8	协作办	12	17	小　计	224
9	人事局	18			

　　（2）市委　市委信息节点统计见表9-2。

表9-2　市委信息节点统计表

序号	单位名称	信息点数	序号	单位名称	信息点数
1	直属机关党委	8	4	纪委	45
2	宣传部	17	5	市委办(含机要、保密)	55
3	组织部	19	6	小　计	144

9.5.2　网络实现技术

1. 主干网

网络的主干建议采用两台自适应千兆以太网交换机作为中心交换机(分别作为市委与市政府的核心交换机),两台核心交换之间采用千兆光纤相连,以保证主干网信息的畅通。服务器均以 100 Base-T 端口和交换机相连,这样可以提供足够的带宽,减少由于用户对服务的集中请求所产生的网络瓶颈。

建议使用先进的路由交换机产品。路由交换机可将 IP 路由功能集成在硬件中,以较低的代价就可获得比传统路由器高得多的路由性能。

2. 各子网设计

市政府与市委的各部门所形成的子网均以 100Mbit/s 的上连带宽分别和中心交换机相连,到桌面采用 10/100Mbit/s。各分支网采用交换式快速以太网技术。

3. 远程服务

为了满足工作人员在家中进行办公的需要,采用远程拨号把政府工作人员家中的计算机和政府网通过公共电话网连起来,充分利用现代通信手段和网络资源。群众也可以通过电话拨号访问政府网站上公开的信息资源。

4. 与外部网络的连接

与国际互联网的连接可以获得大量的信息资源,同时能将××市政府介绍给世界。根据信息产业部的有关精神,在 2000 年 12 月 31 日之前市级政府可以从当地电信得到一根免费的 64kbit/s 数据专线上连到 163、169 网。

5. 网络物理拓扑结构

根据以上分析,××市市委市政府计算机网络物理拓扑图如图 9-2 与图 9-3 所示。

9.5.3　外连方式

××市委市政府网络中心首先是××市委市政府办公网的大脑与心脏,承担了××市委市政府办公网运行、维护的重要责任;除此以外还是××信息网的核心节点,它的计算资源、网络资源、信息资源对于××市以及周围地区具有重要的辐射作用,是一个较为集中的数据中心和多种应用的中央控制的监测机构,所以××市委市政府办公网的建设是整个网络建设的关键。

网络中心的地位和功能如下:

1)管理中心。

2)控制中心。

3)数据集中及备份中心。

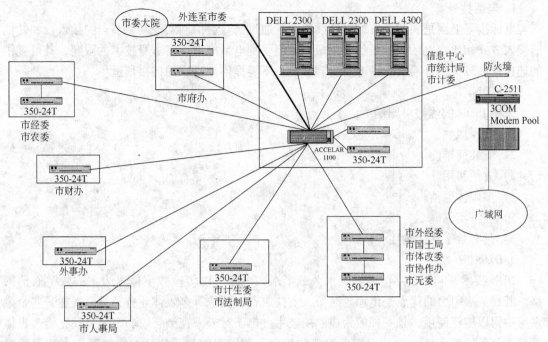

图 9-2　市政府计算机网络物理拓扑图

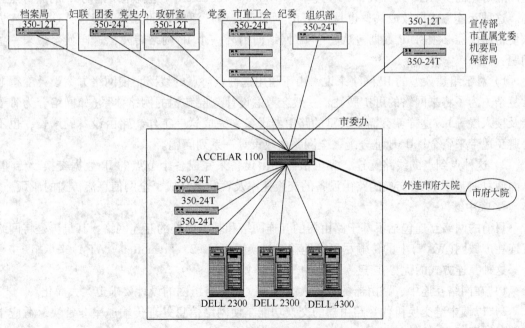

图 9-3　市委计算机网络物理拓扑图

4）检查及检测中心。

5）对外信息发布中心。

为了更好更经济地利用××市信息网的资源，满足各种类型节点的具体需求，下面首先初步比较以下几种节点接入方式：电话拨号、ISDN、DDN、帧中继、光纤。

1. 电话拨号

电话拨号上网是利用现有的电话线资源，通过公众通信网实现网络节点的接入。和其他的接入方式相比，电话拨号虽然费用最低，但受到电话模拟线路本身技术的限制，其可提供的连接速率较低，且通信质量容易受到影响，不能提供高品质的连接信道。

2. ISDN

采用 ISDN 的优势可归纳为以下几点：

1）技术成熟。

2）安装简单。

3）方便易用。

4）多媒体通信。

5）经济实惠。

6）具有数字化优越性。

3. DDN

DDN 技术是利用数字信道提供永久或半永久电路，以传输数字信号为主的数字通信网络。其最具吸引力的优点是传输延时短，支持语音、图像等多媒体业务，且已经在一些金融系统中得以广泛使用，是一种较为成熟的技术。出于对未来视频会议、办公自动化等多媒体宽带新业务的考虑，DDN 技术有着很强的生命力和发展前景。传统的网络互连方式是通过租用点对点的 DDN 专线方式，一般速率为 64kbit/s/128kbit/s，这就是所谓的 IP 的点对点互连。这种互连方式比较成熟，也是当今 IP 网络互连中广泛采用的方式。但是，这种互连方式使得路由器必须将 IP 数据包从一个 IP 网络向另外一个 IP 网络转发，这样就会带来一些问题：

1）对于组建大型的 IP 网络来说，由于租用这种点对点的线路，使网络方案设计变得非常复杂。为了将来网络的可扩展性，一般会考虑设计分层结构的网络体系（如网络分为骨干层及接入层等），这样就会需要大量的路由器设备来完成这一工作。路由设备的增长，也不可避免地带来资金、IP 地址分配、全网路由政策等一系列问题。

2）这种点到点的线路互连，完全依靠路由设备来完成各个节点的 IP 数据交换、传递，从而使目前基于 IP 层交换的路由设备的交换速率及吞吐率又成了全网信息流传递的瓶颈。

4. 帧中继

目前的网络互连包括了基于路由器的互连网络和基于交换的互连网络。其趋势是将网络互连在广域网（WAN）上的传输尽可能地移至交换网络（X.25、FrameRelay、ATM）来承担。

这种互连方式的优势在于：

1）在网络互连中，路由器的数目大大减少，对网络组网的设计要求也大大简化。

2）以帧中继交换机代替路由器的交换功能，使网络信息处理传输速率非常快，适应于当前局域网高速互连的需求。

3）由于帧中继网络中大都采用光纤作为传输媒体，传输误码率非常低。帧中继的无差错控制机制完全可以提供可靠的端到端的传输。

如今，世界上 50% 以上的帧中继业务是在信元—中继/ATM 网络上传输的，这主要是由于信元交换设备具有良好的协调性和高效性。尽管除了传输其他类型的通信，如话音和视频外再也没有其他的优点，作为一种接口，帧中继还是最适合于数据协议的传输，而且帧中继结构非常简单，这使得它很有吸引力。帧中继很适宜于数据通信，因为同时分多路和租用线路传输相比，帧中继更有效地利用了带宽。同 ATM 一样，帧中继每个数据包也有至少 5bit 的首标，但与 ATM 不同的是，帧中继的有效载荷的长度是可变的，长度刚好能装下要传输的信息。若帧是 1000bit 长，则首标只占 0.5%，若信息非常短，如一条告知收悉的消息，帧就可以非常短，比方说是 20bit，这个因素在低速、费用较高时就显得很重要。帧中继能通过单一物理信道维持多个虚拟网络，从而使各种同等重要的通信独立通过互连网络。这种平行信息流的结构与 ATM 虚拟网络的结构非常一致，而且容易连接。因此，帧中继既能满足当前的连接要求，又可成为向未来高速网络过渡的桥梁。

5. 光纤

尽管光纤产品的价格比铜线产品的价格贵许多，但它的通信距离较长，因此用它来连接大楼之间的网络以及距离较长节点间的连接。TIA/EIA/ANSI 标准光纤主干运行距离超过 2km，而在 LAN 应用中，UTP 的传输距离只有 100m。光纤还能提供大楼之间的电气绝缘。

光纤通信系统主要有以下几个优点：

1）传输频带宽，通信容量大。

2）线路损耗低，传输距离远。

3）抗干扰能力强，应用范围广。

4）线径细，重量轻。

5）抗化学腐蚀能力强。

6）应用周期长。

7）保密性能好。

9.5.4 网络设备选择

1. 接入层交换机

接入层交换机选用 Bay Networks 公司的 BayStack 350-24T 以太网交换机，它提供 24 个 10/100Mbit/s 以太网接口，可以与 C100/50 以及 Accelar 1100 更紧密的集成，达到最佳的性能。BayStack 交换机支持业界标准 IEEE802.3，每一个 10/100 Base-T 端口能够自动地以 10/100Mbit/s 的转发速率连接到独立桌面或网段，同时允许多路数据同时传送。

2. 核心层交换机

核心层交换机选用 Bay Networks 公司的 Accelar 1100 路由交换机，它具有高速的包转发率，同时具备完整的 IP 路由功能，代表着最新的高速网络技术。这个在技术上具有突破性意义的路由交换机提供了极大的带宽，并最大程度的减少了广播影响，而且支持对时延及其敏感的多媒体应用。Accelar 1100 在支持 10Mbit/s 以太网和 100Mbit/s 快速以太网的同时还支持千兆以太网。本系统的 Accelar 1100 提供网络的路由，并且为高级工作站提供高速率的网络连接。

3. UPS

UPS 选用 APC 公司的产品，用于保护关键设备（服务器、交换机）在断电或电压不稳定时不受破坏。

4. 服务器

市委与市政府各需三台服务器。选用高性能的 DELL PowerEdge 4300 服务器，作为信息存储的中心（用来存放办公的管理服务信息，并配置磁带机用于数据备份）。一台 DELL PowerEdge 4300 用作内部 Web、FTP、Proxy 服务器，并配置大容量硬盘以存储大量的邮件、图像、软件等资源。一台 DELL PowerEdge 4300 用作 E-mail 服务器。

DELL PowerEdge TM4300 服务器能为重要部门的应用提供高性能、容量和正常运行时间，其出色的可扩展性将满足部门业务增长的需要，其系统处理能力和高速体系结构在在线交易处理、Internet 应用及其他要求更多处理能力的任务等方面都具有卓越的性能。

它具有如下特点：

1）与工作的需求共同扩展。随着需要的增加，可方便地在 PowerEdge 4300 中增加处理能力、RAM、外设和硬盘容量。6 个 I/O 槽给附加的 NICs、磁盘控制器或其他外部设备带来大量的空间。

2）保护数据，提高生产率。PowerEdge 4300 能够持续不断地运转并保护用户数据。它提供 RAID 配置的多种选项，实际上热插拔或冗余热插拔元件是每个主要子系统的特色。

3）完善的系统管理，更长的正常运行时间。内置的 HP OpenView Network Node Manager Special Edition 管理软件通过显示网络和元件运行的报警信息来帮助减少停机时间。

借助 DRAC2 软件，即使是另一地点的服务器发生故障，网管员也能对该服务器进行控制。

4）快速升级，无需工具。精心设计的 PowerEdge 4300 服务器机箱无需任何工具即可更方便、更快速地对系统进行维护和升级，从而减少停机时间。使用简单工具即可方便地把 PowerEdge 4300 机箱从塔式改变为机架式。

5）高端性能，负载平衡。

9.5.5 系统平台

当前主流的应用平台主要有 SUN（Solaris）、PC（NT）或 PC（Linux）。

SUN（Solaris）是一种比较安全和稳健的网络服务器结构，但价格较为昂贵，对管理人员的技术要求比较高。

PC（NT）是在 PC 上发展起来的 32 位操作系统。基于 Client/Server 体系结构的多线程的操作系统，支持虚拟内存；管理简单方便，价格适中，具有 C2 级安全性；系统开销合理，运行效率较高。

PC（Linux）价格最为便宜，但安全性没有经过认证，另外无生产厂家提供可靠的技术支持，出现问题时没有保障。

从近期的发展方向来看，Microsoft 公司正在提供源源不断的产品支持保证一个 Intranet 方案，在这个方案中，从操作系统层次就具备支持 Internet/Intranet 的基本特性，以 Microsoft BackOffice 产品族表现了极强的整合能力。Microsoft 的解决方案更具有灵活性、系列性和可持续性，各种组件之间的联系非常紧密，效率也自然提高。因此选择 Microsoft 的从操作系统开始的 Intranet 解决方案具备可比的优势。

在××市委市政府办公网的方案中，将主要采用 Microsoft 公司在 PC（NT）上的解决方案，在一些涉及应用安全性和伸缩性敏感的部件上，可以选择更有效的产品作为 Microsoft 产品的替代。

9.5.6 管理软件

网络管理软件选用 Optivity Enterprise，其提供了一个开放的、功能强大并且容易掌握的企业网管理解决方案。Optivity Enterprise 系列网络管理产品——Optivity LAN、Optivity Internetwork 和 Optivity Analysis，提供由单一的控制平台到整体网络管理的可升级的网络解决方案。

作为 Optivity Enterprise 整体组成部分的 BaySIS，企业网系统部定义为交换网络设计模块，提供交换网络设计等功能，对集线器，交换机和路由器进行端到端的管理，并且提供了网络诊断的功能。

Optivity Enterprise 的 Analysis（网络分析）和 PLAN（网络规划）模块对网络（包括 LAN 和 WAN）进行管理和流量分析，可按不同设备或协议对网络进行管理；并且，能对整个网络进行状况统计分析、设计和模拟以及对网络的拓扑结构进行分析整理。

Optivity 将其强大的管理功能统一集成在一个网管平台上，使网络管理人员只需在中心机房通过一个屏幕就可以完成对整个网络的管理、诊断分析和模拟，迅速发现和修复故障，预测故障点，预防问题的发生，使网络运行在最佳状态。

作为网络管理系统的 Optivity Campus 以及 Optivity EZ 是对 Optivity Enterprise 管理应用程序的补充，Optivity Enterprise 支持主要的 SNMP 网络管理平台，其中包括 HP OpenView，IBM Netview for AIX 以及 Sun Domain Manager。所有的 Optivity Enterprise 系列应用程序与网络管理平台紧密结合，提供了简单、无缺陷的业界管理解决方案。

9.6 技术重点与难点

1. 子网划分与地址规划

在一个平面网络中存在大量广播信息，将一个大的网络划分为小的子网，是为了缩小广播域，防止广播风暴，将广播信息限制在必须广播的范围内，而过滤掉不必要的广播信息。

子网划分的工作一般由路由器来完成，子网之间的通信也需要路由寻址。

2. 虚拟局域网的划分

局域网设备工作在 OSI 七层模型的第二层，传统的局域网设备连接的网络是单个广播域。局域网交换机虽然能根据 MAC 地址进行数据包的交换，但它会将任何广播信息广播到全部网络。

新的局域网交换机可以将网络划分为多个广播域，即 VLAN。但它不能在两个 VLAN 之间传送信息。VLAN 之间的通信仍然需要路由寻址，也就是仍然需要路由器。有时也将路由寻址的功能做到交换机内，即所谓三层交换。

3. 增强 IP 组播（IP Multicast）能力

组播也称多点播放，是一种有选择的将信息播送到需要它的其他节点的点对多点的通信方式。与另一种点到多点的广播方式相比，采用组播技术可以节约宝贵的网络资源，大大降低广播风暴。各级网络设备必须具备对 IP 组播的支持，因此为各级推荐的交换机设备均应具备这一能力。

9.7 安全性设计

安全是在网络建设中需要认真分析、综合考虑的关键问题，下面将从五个方面来讨论保障网络安全的若干措施。

1. 网络布置安全设计

在内部网络设计中主要考虑的是网络的可靠性能，而如何确保网络安全也是一个不容忽视的问题。

采用网段分离技术，把网络上相互间没有直接关系的系统分布在不同的网段，由于各网段间不能直接互访，从而减少各系统被正面攻击的机会。以前，网段分离是物理概念，组网单位要为各网段单独购置集线器等网络设备。现在有了虚拟网络技术，网段分离成为逻辑概念，网络管理员可以在网络控制台上对网段做任意划分。

另外，在安全方面有一个最基本的原则：系统的安全性与它被暴露的程度成反比。因此，建议将对外信息发布的服务器与内部应用服务器隔离，由于将数据库和内部应用系统封闭在系统内部，增加了系统的安全性。

2. 应用软件安全措施

在网上运行的网络软件需要通过网络收发数据，要确保安全就必须采用一些安全保障方式。

（1）用户口令加密存储和传输 目前，绝大多数应用仍采用口令来确保安全，口令需要通过网络传输，并且作为数据存储在计算机硬盘中。如果用户口令仍以原码的形式存储和传输，一旦被读取或窃听，入侵者将能以合法的身份进行非法操作，绝大多数的安全防范措施将会失效。

（2）分设操作员 分设操作员的方式在许多单机系统中早已使用。在网络系统中，应增加管理员、一般使用员等多种操作员类型，以便对用户的网络行为进行限制。

（3）日志记录和分析 完整的日志不仅要包括用户的各项操作，而且还要包括网络中数据接收的正确性、有效性及合法性的检查结果，为日后网络安全分析提供依据。对日志的分析还可用于预防入侵，提高网络安全。例如，如果分析结果表明某用户某日失败注册次数高达 20 次，就可能是入侵者正在尝试该用户的口令。

3. 网络配置安全措施

网段分离等安全措施要想起作用，还需要由网络配置来具体实施和保证，如用于实现网段分离的虚网配置。为进一步保证系统安全，还要在网络配置中对防火墙和路由等方面做特殊考虑。

（1）路由 为了避免入侵者侵入内部资源，应仔细进行路由配置。路由技术虽然能阻止对内部网段的访问，但不能约束外界公开网段的访问。为了确保信息发布服务器的安全运转，避免让入侵者借助公开网段对内部网构成威胁，有必要使用防火墙技术对此进行限定。

（2）防火墙 BAY、Cisco 等公司的路由器通常都具有过滤型防火墙功能，这一功能通俗地说就是由路由器过滤掉非正常 IP 包，把大量的非法访问隔离在路由器之外。过滤的主要依据在源、目的 IP 地址和网络访问所使用的 TCP 或 UDP 端口号。几乎所有的应用都有其固定的 TCP 或 UDP 端口号，通过对端口号的限制，可以限定网络中运行的应用。

4. 系统配置安全措施

这里的系统配置是主机的安全配置和数据库的安全配置。据调查表明，85% 的计算机犯罪是内部作案，因此这两方面的安全配置也相当重要。在主机的安全配置方面，应主要考虑普通用户的安全管理、系统管理员的安全管理及通信与网络的安全管理。

（1）网络服务程序　任何非法的入侵最终都需要通过被入侵主机上的服务程序来实现，如果关闭被入侵主机上的这些程序，入侵必然无效。因此，这也是保证主机安全的一个相当彻底的措施。当然，不能关闭所有的服务程序，可以只关闭其中没有必要运行的部分。

（2）数据库安全配置　在数据库安全配置方面，应主要注意以下几点：

1）选择口令加密传输的数据库。

2）避免直接使用超级用户。超级用户的行为不受数据库管理系统的任何约束，一旦它的口令泄露，数据库就毫无安全可言。

一般情况下，不要直接对外界暴露数据库，数据收发最好以存储过程的方式提供，并以最低的权限运行。

5. 通信软件安全措施

应用程序要发送数据时，先发往本地通信服务器，再由它发往目的通信服务器，最后由目的应用主动向目的通信服务器查询、接收。

通信服务器上的通信软件除了能在业务中不重、不错、不漏地转发业务数据外，还应在安全方面具有以下特点：

1）在本地应用与本地通信服务器间提供口令保护。应用向本地通信服务器发送数据或查询、接收数据时要提供口令，由通信服务器判别 IP 地址及其对应口令的有效性。

2）在通信服务器之间传输密文时，可以采用 SSL 加密方式。如果在此基础上再增加签名技术，则更能提高通信的安全性。

3）在通信服务器之间也提供了口令保护。接收方在接收数据时，要验证发送方的 IP 地址和口令，当出现 IP 地址无效或口令错时，拒绝进行数据接收。

4）提供完整的日志记录和分析。日志对通信服务器的所有行为进行记录，日志分析将对其中各种行为和错误的频度进行统计。

综上所述，网络安全问题是一个系统性、综合性的问题。在进行网络建设时不能将它孤立考虑，只有层层设防，这个问题才能得到有效的解决。还应看到，像其他技术一样，入侵者的手段也在不断提高，在安全防范方面没有一个一劳永逸的措施，只有通过不断地改进和完善安全手段，才能保证不出现漏洞，保证网络的正常运转。

9.8　维护与服务

××市委市政府办公网络建设完成后，将交付××市委市政府一份办公网络管理手册。根据要求可随时通过网络远程对办公网进行维护。项目完成后应在一定时期内提供免费维护，并派专业人员定期进行相关人员技术培训和咨询。所有开发的应用软件都将备有完整的使用手册。

1. 系统维护

系统维护的主要任务包括以下几点：

1）日常事务的处理。

2）数据备份。

3）日志管理。

4）服务器优化和信息管理。

5）用户数据的维护。

6）应付突发性事件。

2. 支持与服务

对××市的市委市政府办公网系统集成工程提供支持和服务应包括以下内容：

1）系统设备采购和到货。

2）设备安装、调测和开通。

3）系统验收。

4）保修。

5）技术支持和服务。

6）培训。

7）工程进度安排。

8）工程文档。

3. 人员培训

人员培训应分阶段、分层次，多种方式和手段相结合。初期的管理人员至少能完成系统的一般维护工作，中后期应具备一支具有一定开发能力的技术队伍，能够完成系统的扩展和部分应用系统的开发工作。

管理人员培训的主要内容包括：网络基础、路由器设置及管理、交换机设置及管理、网络结构详解、服务器设置及管理、防火墙设置及管理等。

小结

本章以市政府上网工程为例，介绍建立市政府网络的全部过程。通过对本案例的详细分析，可以对读者在建立相应的政府局域网时有所借鉴和帮助。

第 10 章　无线局域网案例

随着无线网络技术的成熟和成本的下降,其已逐渐成为一个新的网络应用热点。它为用户提供了一个更方便的网络连接方式,摆脱了双绞线、光缆等传输介质的束缚。本方案从分析无线局域网的传输标准及其连接入手,介绍无线局域网的组建方式,并结合某企业的实际情况,给出了该企业无线网络的设计方案。

10.1　概述

无线局域网(Wireless Local Area Networks,简称 WLAN)就是使用无线电波作为传输介质的局域网,它适用于难以布线或布线成本较高的地方。无线局域网采用的传输介质是人眼无法看到的微波与红外线。

通常计算机组网的传输介质主要是铜缆或光缆,但有线网络在某些场合要受到布线的限制:布线、改线工程量大;线路容易损坏;网中的各节点经常移动。特别是当要把相距较远的节点连接起来时,铺设专用通信线路的布线施工难度大、费用高、耗时长,这对正在迅速扩大的联网需求形成了严重的瓶颈阻塞。无线局域网是对有线联网方式的一种补充的扩展,它的数据传输速率高达 54Mbit/s,传输距离可远至 20km 以上。随着开放办公的流行和手持设备的普及,人们对移动性访问和存储信息的需求愈来愈多,因而 WLAN 将会在办公、生产和家庭等领域不断获得更广泛的应用。

由于无线局域网可以在不受地理条件限制、通信不便以及移动通信的情况下,组建计算机网络,因此具有有线网络不可取代的优势。1997 年 6 月,第一个无线局域网标准 IEEE 802.11 正式颁布实施,为无线局域网的物理层和 MAC 层提供了统一的标准,有力地推动了该市场的快速发展。

与有线网络相比,无线局域网具有许多优点,它可广泛应用于以下几方面:有线网络间的连接、难以布线的环境、频繁变化的环境、使用便携式计算机等可移动设备接入固定网络、用于远距离信息的传输、连接较远分支机构、特殊项目或行业专用网和科学技术监控。

10.2　无线局域网技术

近年来无线数据传输技术不断获得突破,标准化进展也极为迅速,这使得局域网环境下的数据传输完全可以摆脱线缆的束缚。

10.2.1　无线局域网标准

无线局域网的技术规范主要是指在无线网络中使用的通信协议标准。网络协议即网络中传递、管理信息的一些规范。如同人与人相互交流时需要遵循通信约定一样,计算机之间的相互通信也需要共同遵守一定的规则,这些规则就称为网络协议,而为各种无线设备互通信息而制定的规则就称为"无线网络协议标准"。

目前常用的无线网络标准主要有美国 IEEE(电机电子工程师协会)制定的 802. 11 标准(包括 802. 11a、802. 11b、802. 11g、802. 11h 及 802. 11i 等标准)、蓝牙标准、HomeRF(家庭网络)标准以及由 ETSI(欧洲电信标准组织)提出的 HiperLAN 和 HiperLAN2 等。

1. IEEE802. 11 标准

IEEE802. 11 是在 1997 年由大量的局域网和计算机专家审定通过的标准,也是在无线局域网领域内的第一个在国际上被认可的协议。IEEE802. 11 标准中传输速率最高达到 2Mbit/s,工作在 2. 4GHz 开放频段,主要用于数据的存取。

1)IEEE802. 11a。IEEE802. 11a 工作在 5GHz U-NII 频带,从而避开了拥挤的 2. 4GHz 频段,所以相对 IEEE802. 11b 来说几乎是没有干扰。物理层速率可达 54Mbit/s,传输层可达 25Mbit/s。采用正交频分复用(OFDM)的独特扩频技术,可提供 25Mbit/s 的无线 ATM 接口、10Mbit/s 以太网无线帧结构接口和 TDD/TDMA 的空中接口,支持语音、数据、图像业务,一个扇区可接人多个用户,每个用户可带多个用户终端。但与 IEEE802. 11b 不兼容、空中接力不好、点对点连接很不经济,不适合小型设备,市场销售情况一直不理想。

2)IEEE802. 11b。IEEE802. 11b 工作在 2. 4GHz 频带,物理层支持 5. 5Mbit/s 和 11Mbit/s 两个新速率,采用直接序列扩频技术和补偿编码键控调制方式。它的传输速率可因环境干扰或传输距离而变化,在 11Mbit/s、5. 5Mbit/s、2Mbit/s、1Mbit/s 之间自动切换,而且在 2Mbit/s、1Mbit/s 速率时与 IEEE802. 11 兼容。它从根本上改变无线局域网设计和应用现状,扩大了无线局域网的应用领域,现在,大多数厂商生产的无线局域网产品都基于 IEEE802. 11b 标准。

3)IEEE802. 11g。2003 年 6 月 12 日,IEEE 正式推出 IEEE802. 11g 标准,该标准拥有 IEEE802. 11a 的传输速率,安全性较 IEEE802. 11b 好,采用两种调制方式:IEEE802. 11a 中采用的 OFDM 与 IEEE802. 11b 中采用的 CCK,做到了与二者兼容。IEEE802. 11g 的兼容性和高数据速率弥补了 IEEE802. 11a 和 IEEE802. 11b 各自的缺陷,一方面使得 IEEE802. 11b 产品可以平稳地向高数据速率升级,满足日益增加的带宽需求;另一方面使得 IEEE802. 11a 实现与 IEEE802. 11b 的互通,克服了 IEEE802. 11a 一直难以进入市场主流的尴尬局面。因此,IEEE802. 11g 一出现就得到众多厂商的支持。

2. 蓝牙标准

蓝牙(IEEE802. 15)是一种开放性短距离无线通信技术标准,是面向移动设备间的小范围连接技术。蓝牙同 IEEE802. 11b 一样使用 2. 4GHz 频段,采用跳频扩频(FHSS)技术,其目标是实现最高数据传输速率 1Mbit/s,最大传输距离为 10cm ~ 10m,通过增加发射功率可达到 100m。蓝牙比 IEEE802. 11 更具移动性,比如,IEEE802. 11 限制在办公室中和校园内,而蓝牙却能把一个设备连接到局域网和广域网,甚至支持全球漫游。此外,蓝牙成本低、体积小,可用于更多的设备。蓝牙最大的优势还在于,在更新网络骨干时,如果搭配蓝牙架构进行,使整体网络的成本肯定比铺设线缆低。

3. HomeRF(家庭网络)**标准**

HomeRF 无线标准是由 HomeRF 工作组开发的,旨在家庭范围内,使计算机与其他电子设备之间实现无线通信的开放性工业标准。HomeRF 是 IEEE802. 11 与 DECT 的结合,使用这种技术能降低语音数据成本。HomeRF 工作在开放的 2. 4GHz 频段,采用跳频扩频(FHSS)

技术,室内覆盖范围为 45m。在新的 HomeRF 2.x 标准中,传输速率达到 5MHz。由于 Hom-eRF 技术本身的原因以及市场营销策略失当、后续研发与技术升级进展迟缓,HomeRF 标准应用和发展前景有限。

4. HiperLAN2 标准

HiperLAN2 是由欧洲电信标准协会(ETSI)针对欧洲市场而制定的无线接入标准。Hiper-LAN2 与 IEEE802.11a 相似,工作在 5GHz 频带,在物理层采用正交频分复用(OFDM)调制方法,支持高达 54Mbit/s 的传输速率。不过,在 HiperLAN2 中,实现了 QoS 支持、自动进行频率分配、支持鉴权和加密、可以适应多种固定网络类型。相比之下,IEEE802.11 的一系列协议都只能由以太网作为支撑,不如 HiperLAN2 灵活。

10.2.2 无线局域网传输方式

就传输技术而言,无线局域网可以分为三类:正交频分复用技术、红外线辐射传输技术和宽带扩展频谱技术。

1. 正交频分复用技术

正交频分复用技术是一种多载波数字调制技术,其基本思想就是在频域内将所给信道分成许多正交子信道,在每一个子信道上使用一个子载波进行调制,并且各子载波并行传输。所采用的数字信息调制有时间差分移相键控(TDPSK)和频率差分移相键控(FDPSK),以快速傅里叶变换(FFT)算法实施数字信息调制和解调功能。

正交频分复用技术具有对抗多径传播造成的符号间干扰,比较容易实现;可以根据每个子载波的信噪比优化分配每个子载波上传送的信息比特,提高系统传输信息的容量;抗脉冲干扰的能力强等优点。其缺点是对子载波要求较高,必须是正交,否则系统性能严重下降。

2. 红外线辐射传输技术

红外线辐射传输技术优点在于不受无线电的干扰,邻近区域不受管制机构的政策限制,在视距范围内传输监测和窃听困难,保密性好。不过,由于红外线传输对非透明物体的透过性极差,传输距离受限。此外,它容易受到日光、荧光灯等噪声干扰,并且只能进行半双工通信。所以,相比而言,射频系统的应用范围远远高于红外线系统。

3. 宽带扩展频谱技术

宽带扩展频谱技术是一种传输信息的调制制式,其传输信息的信号带宽远大于信息本身的带宽。信息带宽的扩展是通过编码方法实现的,与所传数据信息无关。在接收端将宽带的扩频信号恢复成窄带的传输信号,同时将干扰信号频谱再次进行扩展,从而提高信息解调信噪比,达到扩频通信目的。扩展频谱技术具有安全性高、抗干扰能力强和无需许可证等优点。目前,在全球范围内应用比较广泛的扩频技术有直接序列(DS)扩频技术和跳频(FH)扩频技术。

就频带利用来说,直接序列扩频技术采用主动占有的方式,跳频扩频技术则是跳换频率去适应。在抗干扰方面,跳频扩频技术通过不同信道的跳跃避免干扰,丢失的数据包在下一跳重传。直接序列扩频技术方式中数据从冗余位中得到保证,移动到相邻信道避免干扰。同直接序列扩频技术方式相比,跳频扩频技术方式速度慢,最多只有 2~3Mbit/s。直接序列扩频技术传输速率可以达到 11Mbit/s,这对多媒体应用来说非常有价值。从覆盖范围看,由于直接序列扩频技术采用了处理增益技术，因此在相同的速率下比跳频扩频技术覆盖范围更大。不过，跳频扩频技术的优点在于抗多径干扰能力强，此外，它的可扩充性要优于直接序列扩频技术。直接序列扩频技术有 3 个独立、不重叠的信道，接入点限制为 3 个。跳频扩频技术在跳频不影响性能时最多可以有 15 个接入点。

10.2.3 无线局域网的常见拓扑结构

无线局域网在室外主要有以下几种拓扑结构：点对点型、点对多点型和混合型，各种结构具有不同的适用场合。

1. 点对点型

点对点型常用于固定连网的两个位置之间，是无线连网的常用方式。使用这种连网方式建成的网络，传输距离远，传输速率高，受外界环境影响较小。这种类型结构一般由一对桥接器和一对天线组成，两个有线局域网之间最大距离可以到 50km。点对点型的拓扑结构如图 10-1 所示。

在两个有线局域网间，在难以布线如跨越河流、有障碍物或距离较远的条件下，通过点对点型连接，使用两台无线网桥将它们连接在一起，可以实现两局域网之间资源共享和信息交流。

在点对点连接方式中，一个接入点(AP)设置为 Master，一个 AP 设置为 Slave。在点对点连接方式中，无线天线最好全部采用定向天线。

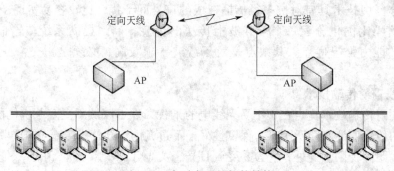

图 10-1　点对点型的拓扑结构

2. 点对多点型

点对多点型常用于有一个中心点、多个远端点的情况下，其最大优点是组建网络成本低、维护简单；其次，由于中心使用了全向天线，设备调试相对容易。该种网络的缺点也是因为使用了全向天线，波束的全向扩散使得功率有所衰减，网络传输速率不如定向天线效果好，适合近距离的无线通信连接。其拓扑结构如图 10-2 所示。

此外，由于多个远端站共用一台设备，网络延迟增加，导致传输速率降低，且中心设备损坏后，整个网络就会停止工作。其次，所有的远端站和中心站使用的频率相同，在有一个远端站受到干扰的情况下，其他站都要更换相同的频率，如果有多个远端站都受到干扰，频率更换更加麻烦，且不能互相兼顾。

在点对多点连接方式中，一个 AP 设置为 Master，其他 AP 则全部设置为 Slave。在点对多点连接方式中，Master 必须采用全向天线，Slave 则最好采用定向天线。

3. 混合型

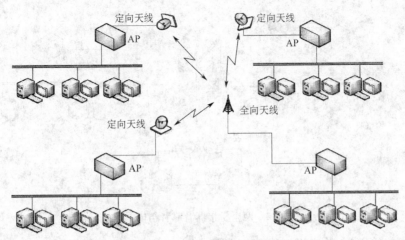

图 10-2　点对多点型的拓扑结构

　　混合型适用于所建网络中有远距离的点、近距离的点、还有建筑物或山脉阻挡的点。在组建这种网络时，综合使用上述几种类型的网络方式，对于远距离的点使用点对点方式，近距离的多个点采用点对多点方式，有阻挡的点采用中继方式。

　　当需要连接的两个局域网之间有障碍物遮挡而不可视时，可以考虑使用无线中继的方法绕开障碍物，来完成两点之间的无线桥接。无线中继点的位置应选择在可以同时看到网络 A 与网络 B 的位置，中继无线网桥连接的两个定向天线分别对准网络 A 与网络 B 的定向天线，无线网桥 A 与无线网桥 B 的通信通过中继无线网桥来完成。构建中继网桥可以有两种方式：单个桥接器作为中继器和两个桥接器背靠背组成中继点。

　　单个桥接器可以通过分路器连接两个天线。由于双向通信共享带宽的原因，对于对带宽要求不是很敏感的用户来说，此方式是非常简单实用的，如图 10-3 所示。

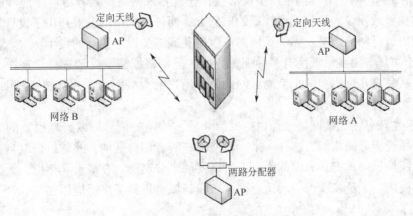

图 10-3　单个桥接器作为中继器

　　对带宽要求较高的用户，可采用背靠背的两个处于不同频段的桥接器工作于无线网桥模式，每个无线网桥分别连接一个天线构成桥接中继，保证高速无线链路通信。两个背靠背的 AP 可以处于不同的频段，且可以同时工作于无线网桥模式，这样其功能就能得到扩大，信号在转发过程中也得到最大的发挥。把带宽及速度提高到最大以满足高要求的用户，同时保证其畅通程度，如图 10-4 所示。

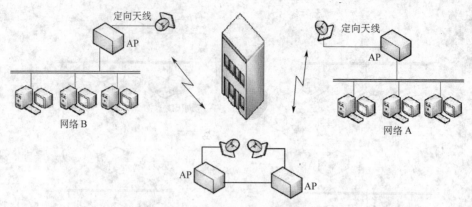

图 10-4　两个桥接器背靠背组成中继

当需要连接的两个有线网距离较远、超过点对点连接所能达到的最大通信距离时，在网间设置一个中继点建立连接，实现传输信号的接力。

10.2.4　无线局域网的优势

无线局域网在很多应用领域中与有线网络相比具有独特的优势：

1）安装便捷。一般在网络建设中，施工周期最长、对周边环境影响最大的，就是网络布线施工。在施工过程中，往往需要破墙掘地、穿线架管，而无线局域网最大的优势就是免去或减少了网络布线的工作量，一般只要安装一个或多个接入点设备，就可建立覆盖整个建筑物或地区的局域网。

2）使用灵活。在有线网络中，网络设备的安放位置受网络信息点位置的限制，而一旦无线局域网建成后，在无线网的信号覆盖区域内任何一个位置都可以接入网络。

3）经济节约。由于有线网络缺少灵活性，这就要求网络规划者尽可能地考虑未来发展的需要，往往导致预设大量利用率较低的信息点；而一旦网络的发展超出了设计规划，又要花费较多费用进行网络改造。无线局域网可以避免或减少以上情况的发生。

4）易于扩展。无线局域网有多种配置方式，能够根据需要灵活选择。这样，无线局域网就能胜任从只有几个用户的小型局域网到上千用户的大型网络，并且能够提供像"漫游"等有线网络无法提供的特性。

5）安全性较好。无线网络通信以空气为介质，传输的信号可以跨越很宽的频段，而且与自然背景噪音十分的相似，这样一来，就使得窃听者用普通的方式难以窃取到数据。

由于无线局域网具有多方面的优点，所以发展十分迅速。在最近几年里，无线局域网已经在医院、商店、工厂和学校等不适合网络布线的场合得到了广泛应用。

10.3　企业网络需求分析

1. 企业网络现状

某企业现有 5 个分厂和一个驻外办事处，5 个分厂均位于某镇，它们的分布情况大致如图 10-5 所示。

目前 5 个分厂虽然都建有相应的计算机网络，而且应用比较好，但各个分厂之间并没有

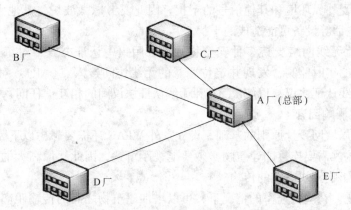

图 10-5　企业分厂分布示意图

连网，相互之间的信息交流以及上报材料都是通过电子邮件方式或通过人工磁盘来传递，自动化程度较低，并且易受盘片质量、信息大小、病毒的影响，从很大程度上影响了办公质量与效率的提高，浪费了大量的人力、物力和财力。综上所述，该企业的计算机网络还有待于改进和提高。

2．用户需求分析

根据现场的调查了解，总部位于 A 厂，其他 4 个分厂大致处于总部四周，分厂到总部的距离大约为 4 到 5km 之间，其中 C 厂、D 厂、E 厂可以直接相互目视，没有视线阻隔，但在 C 厂、D 厂与总部之间有一道河流。B 厂部与总部之间有山阻隔，并且距离总部较远，但 B 厂与 C 厂之间无阻隔，相互可以目视。

为了便于信息的交流与共享，要求总部与分厂之间进行网络互连，并且能够有较高的连接带宽，较少的资金投入。

10.4　企业无线局域网设计

1．企业无线局域网设计原则

总部与分厂间无线网络设计与实施，依照下列原则进行设计。

1）前瞻性。网络的设计要有一定的前瞻性，采用先进的设备和技术手段，保证在一段时间内不会随着技术的发展而变更网络的核心架构和关键技术，并能满足以后新技术扩展的需求。

2）实用性。网络的设计应考虑项目的实际情况和用户的实际需求，以免技术过于超前而造成投资的浪费。

3）可靠性。网络结构的设计是否合理、网络设备的选型是否妥当、工程施工的质量是否规范等都会影响到网络运行的可靠性，因此保证网络的可靠性是网络设计的重要原则。另外，要求重要的设备要有一定冗余备份。

4）开放性。在设计过程中，一定要考虑所运用的技术标准和通信协议是否符合国际规范或工业标准，以确保新设计的网络系统有良好的兼容性和扩展性。无线局域网技术目前所遵循的就是 IEEE802.11 系列国际标准。

5）避免干扰。无线局域网使用 2.4GHz 和 5GHz 频段均为开放频段，无须注册即可使用，无线信号易受外界环境和其他信号的干扰，因此要考虑微波炉、其他大楼的无线系统、2.4GHz 的无绳电话等设备可能造成的干扰。

6）安全性。无线网络支持多种安全特性，采用集中认证方式，对每个数据包进行加密。通过对射频的实时监测，发现并定位恶意的无线访问接入点（AP）。对恶意 AP 的扫描配合采用安全无线认证协议，以解决 AP 和无线认证协议间的相互信任问题。

2. 室外建网影响因素

在遵循无线局域网设计原则的基础，设立室外 WLAN 还需要考虑以下因素：

1）视距传输。需要连接的建筑物必须要能视距可达，因此，像高大的树木和建筑物等障碍物都会直接影响无线电波的传输。

2）距离问题。在降低速率的情况下，可以增加建筑物之间的传输距离，进行远距离传输。目前，无线传输的距离在无障碍的情况下最长可以达到 80km，但是在应用中，实际距离可能会远小于 80km，因此在多山地区，或者有障碍物的时候，距离不宜过长。实在需要的话，可以在中间设立中继中转站，绕过障碍。

WLAN 近距离传输时，为了获得最大的传输速率，可以将无线网桥连接到支持冗余通道的路由器上，这样就可将 3 个无线网桥集成在一起，并且天线高度基本没有影响。

3）天线问题。由于 WLAN 连网设备大都要求"视距"传输，因此天线高度的设定很重要。如果天线的高度不够，靠增加功率放大或增大天线增益的方法得到的效果将非常有限。

3. 网络拓扑选择

根据企业具体情况，本案例中采用混合型拓扑结构。以 A 厂作为总部所在地，为无线网络的中心点，在其顶楼设置全向天线。外围的 B 厂、C 厂、D 厂、E 厂则设置定向天线。由于 B 厂与总部之间有山阻挡，而 B 厂与 C 厂直线可视，B 厂的连接可通过 C 厂设置中继来完成连接，拓扑结构图如图 10-6 所示。

4. 无线网络设备选择

（1）无线网络设备类别的选型　目前无线网络连接设备主要有以下几种：

1）无线接入点。无线接入点就是具有无线覆盖功能的无线集线器或交换机，是无线网络的核心。移动用户使用无线网卡通过它接入计算机网络，主要用于宽带家庭、大楼内部以及园区内部，典型距离覆盖几十米至上百米，目前主要技术为 802.11 系列，传输速率可以分为 11Mbit/s 或 54Mbit/s，可以方便地安装在天花板或墙壁上。

2）无线路由器。无线路由器就是带有无线覆盖功能的路由器，主要应用于用户上网和无线覆盖。市场上流行的无线路由器一般都支持专线 xDSL、Cable、动态 xDSL 和 PPTP 四种接入方式，还具有其

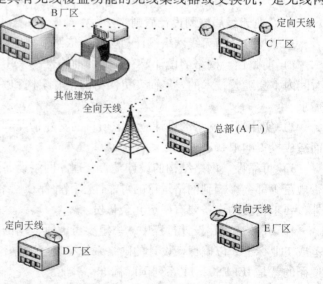

图 10-6　企业无线网络拓扑结构

他一些网络管理的功能，如 DHCP 服务、NAT 防火墙、Mac 地址过滤等功能。

3）无线网桥。无线网桥是为使用无线（微波）进行远距离局域网间互连而设计，是一种在链路层实现 LAN 互连的存储转发设备，可用于固定数字设备与其他固定数字设备之间的远距离（可达 20km）、高速（可达 11Mbit/s）无线组网。它支持点对点、点对多点等多种形式的桥接方式，可将那些难以接线的场所、办事处、学校、公司、经常变动的工作场所、临时局域网、医院和仓库、大型厂区内多个建筑连接起来。

（2）无线网络设备选型原则 无线网络设备的选购，按以下原则进行：

1）功率并非越大越好。无线局域网的有效覆盖直径在室内为 30～50m，室外可达到 100～300m。毫无疑问，覆盖范围越大，用户就可以离无线接入点越远，移动空间也就越大。但功率过大，会对人体产生不利影响。国际标准综合考虑了在对人体无害基础上信号最强的功率为 100mW，即 20dB，在满足需要的前提下无线接入点的功率越接近这个数值越好。

2）选择知名品牌。用户应该尽量选择名牌厂商的产品，其产品质量可靠，性能稳定，售后服务好。目前，无线网络设备供应商分为 3 大阵营，第 1 阵营是美国厂商，如思科、北电和 Avaya 等厂商，它们的产品品质优良、工作稳定、管理方便并具有强大的企业级全程全网的组网能力；第 2 阵营是中国台湾的厂商，如 D-Link 等，作为美国企业的 OEM 厂商，它们的产品制作工艺及产品性能不错，但由于缺乏系统性，因此更适合简便的小型网络环境；第 3 阵营是大陆厂商，如清华比威、TP-LINK 等的产品，主要特点是功能相对简单，价格也比较便宜。

3）数据传输速率。在选择无线网络设备时，要注意设备的数据传输速率。目前，无线网络设备的数据传输速度都能达到 11Mbit/s 以上，随着 IEEE802.11g 产品的推出，54Mbit/s 的产品将会越来越多。因此在同样条件并且不降低其他技术指标的情况，网络设备的数据传输速率越高越好。

4）安全性。无线网络设备是保证网络安全的重要环节，不同的厂家产品支持的数据加密技术和安全解决方案有很多，如 SSID、WEP、MAC 地址过滤等，因此应当选择采用先进的安全技术的产品。另外，用户在购买无线网络产品时最好整套购买，以避免兼容性问题，安全解决方案会更加完美。

5）管理与易用性。无线网络产品作为一个网络设备，需要相应的设备设置与管理。有些无线网络产品的安装维护比较复杂，需要专业的技术人员才能完成，而有些无线网络产品的安装维护却比较简单。用户在购买无线网络设备时要注意。

（3）选择无线网络设备 本案例中用户要求将总部所在地 A 厂与外围的 B 厂、C 厂、D 厂、E 厂的局域网连在一起，五厂区相距 5km 左右，根据无线网络设备的选择原则，按着无线接入点、无线路由器和无线网桥的特点与应用场合，决定采用 Cisco 公司的无线网络桥作为五厂区局域网互连设备。

5. 设计方案

各局域网点中，只有 B 厂与中心点之间无法实现直线可视。在这种情况下，需考虑利用中继站转接，使各处局域网点与中心点实现无线网络互连。

建议中心点使用一台 2.4GHz 无线网桥加上一副高增益全向天线，其他各分厂使用定向天线与总厂进行通信。

与中心点可实现直线可视连接的 C、D、E 3 个厂，设备配置视距离中心点的距离而定。考虑到各分部距离中心点较近(4～5km)，采用无线网桥加装高增益定向天线指向中心点的全向天线即可。

与中心点无法实现直线可视(中间有山阻挡)的 B 厂，可根据具体情况，寻找适当的建筑位置，作为中继转发站。根据现场的考查，发现可以在 C 厂或 C 厂附近的某集团的一个水塔上安置中继。但考虑到租借该集团水塔要支付费用，以后维护也不方便，故建议采用在 C 厂中最高建筑物上放置中继这一方法。

无线网桥与集线器(或交换机)之间，考虑网络以后升级，采用技术成熟、价格便宜的光缆来互连。而且采用光缆后，无线网桥与机房间距离基本上不受限制，不论是否在同一楼均可，A 厂、B 厂、D 厂和 E 厂均采用这种方法。

但是对于 C 厂，由于承担 B 厂区与总部的中继，因此在 C 厂区中最高点的职工宿舍楼上安装一定向天线和无线网桥，无线网桥一端与定向天线相连，实现与 B 厂区相连，另一端通过光缆与 C 厂的机房交换机相连。在距离机房很近的车间顶再安放一部定向天线，这时可以直接通过 UTP 与机房的 Hub 相连。而网桥与天线间均采用低损耗馈线相连。因馈线过长会对无线信号造成一定的衰减，所以应将无线网桥置于与天线尽量近的地方。

6. 方案特点

1）基于 2.4GHz 国际开放公共频段，无需向无线电委员会申请。

2）安装简便，直接安装，即插即用。

3）传输速率高，可达到 11Mbit/s。

4）最多容纳客户机数量达 256 台。

5）保密性好，40 位或 128 位加密；接入控制列表，MD5 成员鉴权。

小结

无线局域网有其独特的优势，在不方便的地面施工时可以考虑使用。本章以某企业为例，介绍建立企业无线局域网的全部过程。通过对企业业务的详细分析，对读者在建立企业无线局域网时有所借鉴和帮助。

第 11 章　网络故障的预防与处理

在网络的使用过程中，由于多方面的原因，不可避免地会发生网络故障。在这些网络故障中，有的只影响某一台计算机或某一网络功能，有的则会影响整个网络，甚至导致网络的瘫痪。本章将介绍几种常见的网络故障、如何预防网络故障和主要的预防手段、网络故障诊断与排除以及处理网络故障常用的几种工具。

11.1　常见的网络故障

虽然各个网络特性和配置都不相同，但是故障往往有某种相似之处。常见的网络故障有以下几种：

1）物理通信媒介故障。

2）网卡故障。

3）协议失配。

4）计算机问题。

5）配置故障。

11.1.1　物理通信媒介故障

网络的通信媒介很容易出故障，其故障类型主要有以下几种：

1）电缆断开（断路）。

2）电缆短接（短路）。

3）信号衰减过大。

4）连接处出现故障。

通信媒介是网络失效的最一般的原因，比如一个总线型网络如果一个接头或终结器松动，整个网络就会瘫痪，因此一个网络管理员和网络工程技术支持人员往往一开始就是检查网络的布线。特别是在采用一些诸如重新配置计算机、更换网卡、去掉或更新驱动器等对系统有危险的测试之前应先检查布线。

检查网络的布线问题首先要区分是通信媒介的故障还是计算机的故障，检查办法可以用专门的检测工具进行，另外比较常用的方法是替换法，就是用一台确保是正常的备用计算机（带正常网卡）替换原来有故障的计算机，如果故障仍然出现，则表明故障出在通信媒介上。

确定通信媒介出现故障后，应定位故障所在。可以从下面几方面着手：

1）对于总线型网络，首先检查终结器，看是否正常。

2）确保各个电缆牢固的连接在各个计算机上，其接头处没有松动，特别是需要终结器的网络尤为如此。

3）没有连接扩展设备时，确定所有电缆没有超过使用的规定长度，如果有连接扩展设备时，也要考虑使用的规定长度。表 11-1 给出了各种通信媒介在没有连接扩展设备时的最大连接长度。

表 11-1　通信媒介的最大连接长度

通信媒介	最大长度(m)	通信媒介	最大长度(m)
细同轴电缆	185	光纤	2000
粗同轴电缆	500	红外线	30
UTP	100	激光	30
STP	100		

4）确保各个电缆是否是同类的，如果不是同类电缆，则必须用诸如路由器、网桥等专用设备进行连接，而且要确保这些设备正常工作。

5）利用专门的检测工具对网络通信媒介进行检查，判断电缆是否短路、断路。

6）检查网络中的计算机数目是否符合规定，如果数目超过规定，有可能造成信号衰减过多或两台计算机相隔过近，这都会造成网络故障。

11.1.2　网卡故障

网卡也是网络中常出故障的设备，它引起的故障可能是由以下几方面原因造成的：

1）网卡松动。

2）由于老化、环境影响以及持续使用等情况而停止工作。

3）网卡的配置发生错误。

4）网卡与系统不兼容。

5）网卡的驱动程序与网卡不匹配。

当网卡出现故障时，应当首先明确如下几个问题：

1）网卡是否与计算机兼容。

2）网卡在计算机的物理槽插位置是否正确。

3）网卡是否可以插入其他的扩展槽。

4）是否可以更换其他网卡。

5）网卡的收发类型设置是否与所用网线类型匹配。

6）网卡的"中断请求"设置是否正确。

7）存储器基地址是否正确。

8）网卡的端口地址是否设置冲突。

9）网卡的驱动程序是否与网卡型号一致。

在排除故障的过程中，可以从下面几方面着手：

（1）观看网卡的指示灯　网卡背面应该有两个指示灯，一个是"连接指示灯"，用于显示网卡已在 OSI 模型的数据链路层中和网络建立了连接。在正常的情况下，它应该在计算机工作期间一直亮着。另一个是"信号传输指示灯"，在正常的情况下，该灯在计算机发送和接受数据时"闪烁"。一般来说，如果"连接指示灯"不亮，可以考虑上面的第 1）~4）问题；如果"信号传输指示灯"不亮，可以考虑上面的第 5）~9）问题。在进行测试前最好先考虑第 5）~9）问题，因为从操作上看，这几个问题要容易些，而且也是更经常发生的错误。

（2）查看网卡的设置是否正确　网卡的配置参数必须正确，容易出错的参数有以下几处：

1）网卡的"中断请求(IRQ)设置。

2）网卡的基本 I/O 端口地址。

3）存储器基地址。

4）网卡的收发类型设置是否与所用网线类型匹配。

如果上面的设置发生任何错误，或与其他的设备发生冲突，网卡肯定不能正常工作，即使能工作，也不能长时间的工作。因此，应该确保它们没有冲突。

有的操作系统能够查看计算机的 IRQ 号、I/O 端口地址的分配情况，如 Windows XP 中的系统信息（如图 11-1 所示）就是一个很好的工具。

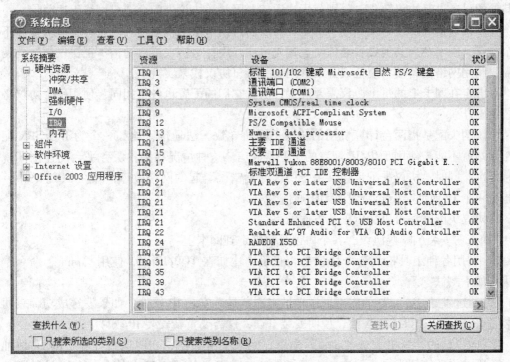

图 11-1　Windows XP 的系统信息

应该注意的是，系统可能对这些设置采用了"自动配置"的默认模式，但有时会无效，因此应该尝试手工配置的方法，并确保没有冲突。

表 11-1 给出了典型的 IRQ 的分配给设备的情况，在为网卡选 IRQ 时一定要选"备用"的 IRQ 号。

表 11-2　典型的 IRQ 分配情况

IRQ 号	设　备	IRQ 号	设　备
0	系统计时器	8	系统 COMS/实时时钟
1	标准 101/102 键或 Microsoft 键盘	9	释放空间
2	可编程中断控制器	10	备用
3	通信端口（COM2）	11	备用
4	通信端口（COM1）	12	PS/2 兼容型鼠标接口
5	备用	13	数值数据处理器
6	标准软盘控制器	14	IDE 硬盘驱动器控制器
7	打印机端口（LPT1）	15	IDE 硬盘驱动器控制器

（3）网卡的驱动程序　网卡的驱动程序是个不能忽视的问题，应该确保网卡的驱动程序与网卡是匹配的，并且没有过时。即使生产厂家是同一家，一个原先的网卡驱动程序往往对新的网卡往往是无效的，如果认为是网卡的驱动程序问题，可以求助于网卡的销售商以获得更新版本的驱动程序。

11.1.3　协议失配

计算机能够通信，依靠的是一组相同的协议，如果两计算机的协议不同，它们之间必定有其他的设备进行协议转化，否则就无法通信。因此，协议失配会造成网络无法通信。

计算机通信的协议必须与网卡绑定，然后通过网卡来实现通信。一台计算机上往往不止一个协议，网卡在与其他设备通信时会预先协商好用什么协议进行通信。把协议绑定到网卡上需要利用网络设备接口规范或开放数据链路接口协议栈来实现。

对绑定在网卡上的每个协议需要配置，而且它们的配置也各不相同，使用每个协议必须配置正确。

协议的失配是指两台计算机用的协议不同而导致无法通信，比如一个为 IPX/SPX 配置的工作站就不能与使用 TCP/IP 配置的服务器通信。这种情况在多种服务平台的连网环境中经常发生。同时，协议失配也包括由于协议配置错误引起的网络故障，如在 TCP/IP 中，没有指定一个 IP 地址会引起错误而无法通信。

在协议失配时，可以从以下几方面着手：

1）查看安装了哪些协议，各个协议是否绑定到网卡上。

2）利用各种工具检测各个协议是否正确。比如在 TCP/IP 中，使用"ping"命令，可以进行如下测试：

① 通过发送"ping"的内部回送地址来判断是否安装 IP 软件，如果发送成功，表明已安装了 IP 软件。如果发送失败，说明安装有误，这需要重新安装 IP 软件。

② 向自己的计算机发送"ping"命令，如果发送成功，表明这台计算机的 IP 地址正确；否则，说明协议没有正确安装，可能是输入的 IP 地址不正确或者输入的 IP 地址与其他的计算机相同。

③ 向网关发送"ping"命令，看是否能到达网关，如果不能，则网关可能没有处于活动状态，需要检查网关。

④ 向非本域发送"ping"命令，如果失败，则有可能是 Internet 提供商出现问题，需要和他们联系。

如果上面的测试得到通过，说明 TCP/IP 安装没有问题。

3）查看各个安装的协议的所有配置参数是否正确。

① 如果是 IPX/SPX 协议网络，查看当前使用的数据帧是否正确。

② 如果是 IPX/SPX 协议网络，查看设置为自动检查数据帧类型还是设置为手工检查数据帧类型，它们是否正常工作。

③ 如果是 TCP/IP 网络，查看它的 IP 地址、子网屏蔽号和默认路由号是否都已填写了，并且是否正确。

④ 如果是 TCP/IP 网络，它的 IP 地址是否是动态获得。这种获得是否有效，有没有提供这样服务的服务器。

⑤ 如果是 TCP/IP 网络，这个网段的域名系统是否有效。

11.1.4　计算机问题

当网络出现故障时，网络管理人员或网络工程技术支持人员应首先判断是网络问题，还只是属于这台计算机的故障。

如果计算机坏了，则需要修理计算机，如果是计算机性能不好，则要对各部件分别进行处理，该升级的就应该升级。对于服务器则要更注意，由于它的问题很可能引起整个网络的问题，比如出现下面的问题时，网络的性能就会下降：

1）服务器处理数据能力太慢。

2）磁盘存储空间太小。

3）内存不足。

处理这些问题时，应对服务器进行升级，以满足网络的需求。但有一类问题，可能会带来灾害性后果，如硬盘的故障就是这样。如果硬盘等存储设备出现故障，往往是灾害性的后果，最好的办法是对数据进行备份，出现故障时可以恢复。当然，也有一些其他的冗余操作可以带来一定的安全性，如对硬盘作镜象处理，它可以在计算机瘫痪时，在网络管理员或技术支持人员的帮助下，将系统转向备份系统。

11.1.5　配置故障

配置错误也是导致故障发生的重要原因之一。网络管理员对服务器、交换机、路由器的设置不当会导致网络故障，计算机使用者对计算机设置的修改也往往会产生一些令人意想不到的访问错误。配置故障通常表现为以下几种情况：

1）计算机无法登录至服务器。

2）计算机只能访问内部网络中的 Web 和 E-mail 服务器，但无法接入 Internet。

3）计算机无法通过代理服务器接入 Internet。

4）计算机无法在局域网中的 E-mail 服务器中收发电子邮件。

5）计算机只能与某些计算机而不是全部计算机进行通信。

6）整个局域网络无法访问 Internet。

7）计算机无法访问任何其他设备。

以下原因可能导致配置故障：

1）服务器配置错误。例如：服务器配置错误导致 Web、E-mail 或 FTP 服务停止；代理服务器访问列表设置不当，阻止有权用户接入 Internet。

2）网络设备配置错误。例如：路由器访问列表设置不当，不仅会阻止有权用户接入 Internet，而且还会导致网络中所有计算机无法访问 Internet。

3）用户配置错误。例如：浏览器的"连接"设置不当，用户将无法通过代理服务器接入 Internet；邮件客户端的邮件服务器设置不当，用户将无法收发邮件。

在配置故障产生时，可以从以下几方面着手：

1）检查发生故障计算机的相关配置。如果发现错误，修改后再测试相应的网络服务能否实现。

2）测试同一网络内的其他计算机是否有类似的故障，如果有同样故障，说明问题肯定出在服务器或网络设备上。如果没有类似故障，也并不能排除服务器和网络设备存在设置问题的可能性，应针对为该用户提供的服务做认真的检查。

11.2 网络故障的预防

在网络的使用过程中，由于各种各样的原因导致网络故障，使网络不能正常工作，因此网络故障的诊断与排除对于网络管理员来说，是十分重要的，也是网络管理员职责的一部分。在实际工作中，采取有效的措施预防网络故障，虽然不能从根本杜绝网络故障，但可以最大限度地减少网络故障。

对网络故障的预防，从网络规划时就应该开始进行，而且要从多方面着手。常用的预防方案有以下几种：

1）通过规划网络预防网络故障。

2）通过培训降低网络故障。

3）通过网络监视和有效的管理预防网络故障。

4）采取安全措施预防网络故障。

5）及时消除网络的瓶颈。

1. 规划网络

因为网络硬件是由各种电子设备构成，而电子设备是有使用寿命的，因此有些网络故障注定要发生，只是时间早晚问题。因此在组建网络前，要充分的考虑到各种可能出现的故障，以便采取有效的措施进行预防。与网络故障相关的规划主要有以下几点：

（1）后备系统　后备系统主要是对网络数据进行备份的系统。在计算机网络中，拥有一个后备系统，采用预定备份方案对网络重要数据进行备份，虽然不能预防网络故障，但在发生严重的网络故障（如系统崩溃造成硬盘损坏而丢失数据）时，可以快速地恢复系统，从而使损失降到最低。这是一个补救的措施，事实上，网络故障造成的数据损失往往是昂贵的代价，如果用一个并不昂贵的备份系统进行弥补，当然是合算得多。

（2）电源系统　电源是计算机网络系统中必不可少的重要组成部分，其供电质量的好坏，直接关系到整个计算机网络的畅通，对于消除网络故障是很重要的一环。

在选择电源系统时应注意以下方面的内容：

1）能够为网络系统提供稳定的电源，其电压波动不能太大。

2）选择一个 UPS 系统，保障在正常的供电突然停止时，保证网络能正常的完成一些必要的结尾工作，如写完数据、安全的退出系统。

3）对重要电源系统，使用电源冗余，保证一套电源损坏时，网络系统仍然可以正常工作。

（3）防火系统　网络系统要注意防火，因为网络中电路的短路或接触不良最容易引起火灾；网络中具有很多个热源，当很多的计算机集中在一起的时候，其热量不能忽视；网络系统中，易燃物品很多，尤其是机房中，十分容易着火。

（4）结构化布线方案　网络系统一定要采用结构化布线，因为很多网络故障就是连接不良造成的。结构化布线不仅可以延长网络电缆的使用寿命、减少费用和便于网络的扩充，而且具有规范网络接头、便于网络的故障诊断、隔离网络故障等优点。

结构化布线时要合理选择通信电缆，注意电缆的最大传输距离，注意线路的户内外连接是否紧密。

（5）网络标准化　网络标准化有助于网络故障的消除，但这个问题目前往往被网络规划者忽视。因此，强烈建议各个网络规划者采用一定的标准，这样不仅可以在各个网络之间进行沟通，而且由于标准是一个成熟的产品，它一般情况下不会留有隐患。自己创新的时候，往往会考虑不全，实行标准化就是吸收别人成熟的经验，使自己少走弯路。

（6）建立完整的文档　建立一个完整的文档在组网时就能很有效的帮助网络建设的成功，而且它在日后的维护将起很重要的角色。一个完整的文档应该能提供网络的所有信息，包括从结构到操作、从系统到管理都应有详细的记载。

2. 培训网络使用者

培训网络使用者是组建网络中一个重要环节，既是对用户高度负责，也是减少由于误操作而引起网络故障的有效方法。对于一个网络使用人员，应该做到如下几点：

1）在上网前明白怎样操作，不明白不要上网。

2）不要越权操作。

3）按照规章进行操作，不能违规操作。

3. 网络监视和网络管理

（1）网络监视　网络监视就是利用各种工具了解网络的各方面情况，包括软件情况、硬件情况、流量大小和用户情况。网络监视是一个预防网络故障的有力手段。一般来说，可以使用网络操作系统提供的网络监视工具，也可使用专业的网络监视软件来监视网络，不过后者需要支付高昂的费用。一般主要有事务日志、使用统计、性能统计三种类型的信息。

对网络进行监视有助于对网络故障的早期发现和及早排除。管理员应有效的利用各种监视工具来了解网络的情况，及时作出反应，消除各种故障隐患。

（2）网络管理　网络管理是指网络管理员通过网络管理程序对网络上的资源进行集中化管理的操作，包括账户管理、配置管理、性能和记账管理、问题管理、操作管理和变化管理等。

对网络进行管理，需要在实际中积累经验，需要对各种网络操作系统提供的工具使用很熟练，并且能合理地进行分析。这些数据，有时就是网络故障的第一手材料。

4. 采取有效安全措施

网络安全措施是指用于阻止未授权的使用、访问、删改或者破坏的手段。也就是说，网络安全就是对客户的数据和信息进行保密、防止他人窥视和破坏。另外，网络的安全还应包括硬件方面的安全性，防止各种灾害对网络系统和网络数据的破坏。影响网络安全的因素主要有计算机病毒、数据的泄密、误操作引起的错误、各种灾害、软件的故障等。采取有效的安全措施可以减少网络故障，提高网络工作效率。

5. 及时消除网络瓶颈

瓶颈问题在网络中经常发生，所谓"瓶颈"就是指网络的某一资源利用过多而导致其他资源得不到充分的利用，体现在用户身上是网络的反应迟钝。消除计算机网络的瓶颈对预防计算机网络的故障是有好处的。但事实上，消除网络瓶颈是不可能的，只能想办法找到网络瓶颈然后减少它。

11.3　网络故障的检查与排除

对于一个网络来说，因为电子设备有使用寿命，因此发生故障是正常的现象。不论采用怎样的预防措施——最周密的规划、最严格的监视、最有效的维护，网络的故障也在所难免。对于一个网络的管理员或者对于一个组网的技术人员来说，迟早会遇到这样或那样的网络故障。一旦网络故障出现时，网管员或者网络维护人员应该有一套行之有效的方法及时处理网络故障，保障网络畅通。故障分离法是维护人员常用的处理方法，能够帮助管理员在出现网络故障时从容地处理网络故障。

故障分离法共分为5步：①收集信息；②确定可能的原因；③隔离测试；④研究测试结果，确定故障原因，解决网络故障；⑤故障分析。其流程如图11-2所示。

故障分离法综合地运行了很多学科方法，利用这种方法可以对故障一步一步地分析下去，直到解决网络故障。而且它是一个可重复的过程，如果一遍没有解决问题，可以再重新来一次，直到把问题解决好。

1. 收集信息

收集信息是着手解决问题的第一步，也是很重要的一步。收集所有与故障有关的信息，特别是系统提示信息，从中得到故障产生的原因，定位故障。

信息的来源主要包括：故障的现象、用户的报告、网络监视工具的报告、实用程序生成的报告、其他信息。

故障的现象很多，而且很多原因可能产生同一种现象，因此解决问题时要多问用户，用户的信息是第一手材料，对解决故障极为有用。同时，也要认真分析监视工具记录的报告，因为网络监视工具和实用程序深入系统的内部，了解了用户在表面上不能了解的一些本质问题。还要注意其他的信息的收集，如故障是否始终存在、故障的出现是否有规律、以前是否发生过这样的问题、故障影响到多少用户等，因为有时一些不重要的细节往往是解决问题的关键。

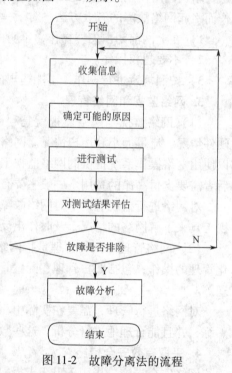

图 11-2　故障分离法的流程

2. 确定可能的原因

当收集完信息后，就应该根据所有信息确定可能产生这种现象的所有原因作一个列表，依靠经验把原因按可能性由大到小进行排列。

处理故障的经验对于确定可能的原因是十分重要的，在对上一步掌握的信息进行归纳总结后，根据自己的经验和有关的参考资料对它进行评价和分析，以便找到合适、充分的理由来确定可能的原因。在确定的原因中，每个原因都该有个理由，应该由上面得到的信息为根据。这就要求在收集信息时要全面，如果遗漏信息就有可能找不到网络故障的原因。

确定原因时，可以提出以下问题：

1）这是一个局部性问题还是一个全网络的问题？

2）这是一个偶然性问题还是一个经常性问题？

3）这是一个软件问题还是一个硬件问题？

4）这个故障有关的组件有哪些？

对可能的原因进行排列很重要，它往往能使问题解决得更快，当然这往往取决于个人的经验，经验越丰富，就越能找到问题的关键所在。

3. 隔离测试

对网络故障进行隔离测试就是根据上一步列出的可能的原因，按照其排列的顺序一个一个的进行测试，寻找问题的真正所在。

这个步骤需要反复进行，对所有可能的问题一个一个的进行过滤，直至发现故障的原因，并通过测试来排除故障。如果故障已经排除，就没有必要测试其他的原因，但如果没有找到故障所在，就必须把所有的列表都进行分离测试。图 11-3 给出了隔离测试的流程图。

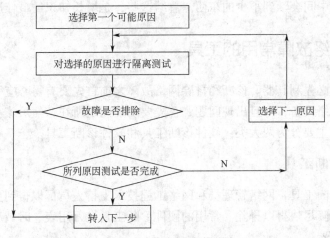

图 11-3　隔离测试流程图

进行隔离测试时，首先把整个网络分成一个个相对独立的部分，然后利用有效的软硬件工具进行测试。例如，可以把网络分为客户机、服务器、网卡、通信媒介、连接设备、协议配置、系统设置等。

对各个部分进行测试时，根据故障现象和自己的处理经验，仔细分析，同时不断地提出问题。在这里个人的经验十分重要，经验越丰富，处理速度可能越快。只有提出的问题涉及到了故障，才有可能排除故障，所以这样的设问要尽可能的详细和全面。

4. 研究测试结果

认真研究隔离测试的结果，看看问题是否解决。如果网络已经正常工作，表示这次故障解决成功，可以进入下一步的任务；如果没有解决，需要重新开始收集信息，再重复上面的步骤，直到故障被排除。

在确定故障是否被排除时，有时容易确定，有时就比较困难。因为有的故障处理后，可以说一劳永逸，有的故障则可能出现反复。比如一台计算机不能上网，经过处理可以上网了，只能说问题现在已经解决。但经过一段时间后，又会出现相同故障现象。因此对已经解决的问题应当进行跟踪调查，确保彻底根除，同时获得丰富的经验。

5. 故障分析

作为网络管理，在处理故障后，必须弄清楚故障是如何发生的、是什么原因导致了故障的发生、以后如何避免类似故障的发生以及拟定相应的对策。

对于一些非常简单明显的故障，上述过程看起来可能会显得有些繁琐，但对于一些复杂的问题，这却是必须遵循的操作规程。

在解决完一个故障后，一定要记录解决问题的过程，把整个过程整理为文档，主要包括：故障的症状、故障发生的原因、解决故障的方法、解决故障时考虑到的其他原因、解决故障的过程、是否改动了系统设置、对硬件作了哪些改动等。

这一步往往被人们忽视，但这对一个网络管理员或网络的技术员来说，这是相当重要的一步，它可以使网络管理员或网络工程的技术支持人员从中吸收经验、教训。这是一个网络管理员或网络工程的技术支持人员增长知识的好时机，应该注意到，增加的知识绝不仅仅是下次能解决同样的故障，因为在排除故障的过程中，分析了很多信息，对各种可能的原因进行的隔离测试，这中间会学到不少的东西。总结这些，是增长知识的最佳途径。

11.4　排除网络故障常用的工具

工欲善其事，必先利其器。诊断和排除网络故障之前首先要有得心应手的工具。因为网络中拥有众多的网络设备，一旦出现问题，首先要明确问题所在，然后才能对症下药，排除故障。常用的工具主要分为两大类：硬件诊断工具和软件诊断工具。

11.4.1　硬件诊断工具

借助于硬件诊断工具，网络管理员和网络工程技术支持人员可以得到更多的信息，精确地定位故障，使故障尽快得以排除。常用的硬件诊断工具有万用表、时域反射仪、高级电缆测试器、协议分析器等。

1. 万用表

万用表是一种基本的电子测量设备，可以测量包括电压、电流、电阻、电容等在内的许多物理量。在网络故障排除的过程中常需要用到的功能是电阻、电压和电流。万用表的主要功能包括：

1）判断网络连线是否断开（断路）。
2）判断网络连线是否短接（短路）。
3）判断网络连线是否与其他导体接触。

2. 时域反射仪

时域反射仪是一种能定位通信媒介故障的设备，如果电缆中发生故障，它可以知道故障大概发生在什么位置，这比万用表要先进，也是与万用表的不同之处。

时域反射仪的工作原理是利用脉冲信号来实现的。时域反射仪向网络上定时发射脉冲信号，这个脉冲信号到达断点或短路点后会反射回时域反射仪，时域反射仪根据该脉冲信号发出到反射之间的时间长短来计算机发生故障的距离。性能优良的时域反射仪能定位相当的准确。

时域反射仪也可以用于光纤的检测，这点万用表是作不到的。

3. 高级电缆测试器

高级电缆测试器不仅能够查出电缆的短路、断路和性能缺陷，还能显示有关电阻、阻抗和信号衰减等信息。

从 OSI 模型上看，高级电缆测试器的功能已经超越了物理层，达到了数据链路层，有的甚至达到了网络层和传送层。

高级电缆测试器除了能显示电缆的物理状态外，还可以显示以下信息：

1）数据帧的数目。

2）错误数据帧的数目。

3）超量冲突。

4）迟到冲突。

5）堵塞错误。

6）信标。

7）警报状态。

这种测量器能够监视整个网络的流量信号、错误状态，甚至某一计算机的信息流动情况，而且能识别故障是由于电缆引起的还是由于网卡引起的，因此它是一种很受欢迎的网络故障检查工具。

4. 协议分析仪

协议分析仪是一种功能强大的故障排除工具，往往用来维护大型网络，有经验的网络管理员和网络工程技术支持人员都特别喜欢这种设备。

协议分析仪不仅可以对信息包进行捕捉、解码以及滤波，还可以完成电缆测试、网络流量测试、网络设备搜寻等功能。所以协议分析仪常用来检查数据帧内部来确定故障，同时它可以根据网络信号生成统计的结果，其内容涉及网络布线、网络的软件、网卡、服务器、工作站。

协议分析器还可以深入地观察网络行为，包括有故障的设备、连接的故障、网络信号的波动、网络的瓶颈、网络设置的错误、协议的冲突、应用程序的冲突、网络的行为是否正常、广播风暴等。

从上面可以看出协议分析器的功能强大，因此它的应用也很广泛，但往往需要有经验的网络管理员和网络工程技术支持人员操作。

11.4.2　软件诊断工具

在网络故障中软件故障占很大比重，而这类故障不能使用硬件诊断工具解决。简单的故障可以用网络命令来解决，其中有些命令已经被网络操作系统收录；复杂的故障则须使用专业的商业软件来解决，但价格过于昂贵。

1. "ping" 命令

"ping" 命令是网络操作系统集成的 TCP/IP 应用程序之一，完整安装 TCP/IP 之后即可使用。"ping" 命令虽然不大，但可谓是网络中应用最多的一个，通常用于确定网络的连接性问题。"ping" 命令使用 Internet 控制消息协议（ICMP）简单地发送一个网络包并请求应答，接收请求的目的主机再次使用 ICMP 发回与所接收的数据一样的数据包，于是 "ping" 命令便可针对每个包的发送和接收报告往返时间，并报告无响应包的百分比，这在确定网络是否正确连接以及网络连接的状态时十分有用。

【例1】 测试本地主机到 IP 地址为 192. 168. 0. 100 的计算机的连通性。

在命令提示符窗口中输入"ping 192. 168. 0. 100"并执行，网络正常情况下将显示如下信息：

Pinging 192. 168. 0. 100 with 32 bytes of data：

Replay from 192. 168. 0. 100：bytes = 32 time < 1ms   TTL = 128
Replay from 192. 168. 0. 100：bytes = 32 time < 1ms   TTL = 128
Replay from 192. 168. 0. 100：bytes = 32 time < 1ms   TTL = 128
Replay from 192. 168. 0. 100：bytes = 32 time < 1ms   TTL = 128

Ping statistics for 192. 168. 0. 100：

    Packets：Sent = 4   Received = 4   Lost = 0(0% loss)

Approximate round trip times in milli-seconds：

    Minimum = 0ms   Maximum = 1ms   Average = 0ms

【例2】 测试本地主机到 www. sina. com 服务器的连通性。

在命令提示符窗口下输入"ping www. sina. com"并执行，成功完成后将显示如下信息：

Pinging www. sina. com[218. 30. 108. 63]with 32 bytes of data：

Replay from 218. 30. 108. 63：bytes = 32 time = 25ms   TTL = 53
Replay from 218. 30. 108. 63：bytes = 32 time = 22ms   TTL = 54
Replay from 218. 30. 108. 63：bytes = 32 time = 23ms   TTL = 54
Replay from 218. 30. 108. 63：bytes = 32 time = 24ms   TTL = 53

Ping statistics for 218. 30. 108. 63：

    Packets：Sent = 4   Received = 4   Lost = 0(0% loss)

Approximate round trip times in milli-seconds：

    Minimum = 22ms   Maximum = 25ms   Average = 23ms

2. "ipconfig" 命令

该命令用于显示本地计算机的 IP 地址的配置信息和网卡的 MAC 地址。使用不带参数的"ipconfig"命令可以显示所有适配器的 IP 地址、子网掩码和默认网关。

【例3】 用"ipconfig"命令显示本机的网络信息。

在命令提示符窗口下输入"ipconfig/all"并按"回车"键，显示如下信息：

Windows IP Configuration

        Host Name. . . . . ：net02
        Primary Dns Suffix. . . . . ：
        Node Type. . . . . ：Unknown
        IP Routing Enabled. . . . . ：No

WINS Proxy Enabled.........: No

Ethernet adapter 本地连接:

    Connection-specific DNS Suffic..:
    Description....................: Realtek RTK8139/810x Family Fast Ethenet NIC
    Physical Address..............: 00-19-21-22-31-95
    Dhcp Enabled................: No
    IP Address...................: 219. 216. 12. 124
    Deault Gateway..............: 255. 255. 255. 0
    Subnet Mask.................: 219. 216. 12. 254
    DNS Server..................: 202. 199. 184. 1

3. "tracert" 命令

tracert(跟踪路由)是路由跟踪实用程序,用于确定 IP 数据报访问目标所采取的路径。"tracert" 命令用 IP 生存时间(TTL)字段和 ICMP 错误消息来确定从一个主机到网络上其他主机的路由。通过向目标发送不同 IP 生存时间(TTL)值的 ICMP 回应数据包,tracert 诊断程序确定到目标所采取的路由。要求路径上的每个路由器在转发数据包之前至少将数据包上的 TTL 递减 1,数据包上的 TTL 减为 0 时,路由器应该将 "ICMP 已超时" 的消息发回源系统。tracert 先发送 TTL 为 1 的回应数据包,并在随后的每次发送过程将 TTL 递增 1,直到目标响应或 TTL 达到最大值,从而确定路由。通过检查中间路由器发回的 "ICMP 已超时" 的消息确定路由。某些路由器不经询问直接丢弃 TTL 过期的数据包,这在 tracert 实用程序中看不到。

4. Fluke Network Inspector

Fluke(福禄克)公司的 Fluke Network Inspector(网络听诊器,简称 NI)是一款非常优秀的网络监视和诊断软件,可自动发现在一个广播域内所有开启的网络设备,包括主机、服务器、交换机、路由器、打印机等,并自动分类显示;还可发现 NetBIOS 域、IP 子网,并按照子网或域来显示。

Fluke Network Inspector 可以从 http://www.fluke.com(福禄克官方网站)上免费得到,不过试用期为 30 天。它对计算机硬件要求不高,而且安装分为主控端和代理端两部分。

Fluke Network Inspector 主要有网络实施监测和网络运行故障诊断两种功能。每次 NI 启动后首先进入设备检测状态,以确定所有网络设备是否正常工作,包括服务器、路由器和交换机等,显示下至插槽和端口级的详细信息,利用率和错误阈限值每 2min 一次。只要有一个端口超过该值,NI 就会在设备性能历史报告中记录下该问题。主要包括:

1)错误。软件可自动发现网络的错误,如 IP 地址冲突、IPX 号码设置错误、代理设置错误、掩码设置错误、NetBIOS 名设置错误、关键设备没有响应等。

2)报警。包括 IP 地址设置错误、IPX 服务不可达、NetBIOS 域中唯一站点、SNMP 报告设备重新启动、碰撞超过报警限、接口利用率超过报警限等。

3)变化。包括网络中的设备消失、DNS 名改变、IP 地址改变,网络设备的 IP 服务重新启动、网络设备的 IP 服务已不存在、NetBIOS 名改变、网络中增加了新的设备、路由器的接口开启等。

通过上述的信息，可以随时了解网络发生的各种情况以及网络所发生的变化，提前预防网络各种故障的发生。

5. IxChariot

IxChariot 是美国 IXIA 公司出品的一款著名测试软件（原美国 NetIQ 公司 Chariot 软件），它是目前唯一成为工业界标准的 IP 网络与网络设备应用层测试系统，支持各类基准测试、流媒体测试、Web 测试等，功能全面。

IxChariot 是通过主动式定量的测试方式，产生真实的流量，测试网络设备或网络系统在真实应用下端到端的性能。同时，IxChariot 采用分布式的结构，可以对任何规模或形式的网络进行性能测试。IxChariot 作为网络设备和网络本身的一个测试工具，也提供主动式网络在线性能分析及监视。另外，该软件还可以作为网络维护的工具，进行故障诊断与定位、性能优化与验证等。

小结

在网络的使用过程中，由于各种各样的原因导致网络故障，使网络不能正常工作，因此网络故障的诊断与排除对于网络管理员来说十分重要，也是网络管理员职责的一部分。在实际工作中，采取有效的措施预防网络故障，虽然不能从根本上杜绝网络故障的产生，但可以最大限度地减少故障带来的损失。对网络故障的预防，要从多方面着手，常用的预防方案有：通过规划网络预防网络故障、通过培训预防网络故障、通过网络监视和有效的管理预防网络故障、采取安全措施预防网络故障和及时消除网络的瓶颈等。

故障分离法是维护人员常用的处理方法，能够帮助管理员在出现网络故障时从容地处理。故障分离法分为收集信息、确定可能的原因、隔离测试、研究测试结果、确定故障原因、解决网络故障和故障分析等步骤。利用这种方法可以一步步地分析下去，直到解决故障问题。而且它是一个可重复的过程，如果一遍没有解决问题，可以再重新来一次，直到把问题解决。

工欲善其事，必先利其器。诊断和排除网络故障之前首先要有得心应手的工具，因为网络中拥有众多的网络设备，一旦出现问题，首先要明确问题所在，然后才能对症下药，排除故障。常用的工具主要分为两大类：硬件诊断工具和软件诊断工具。常用的硬件诊断工具有万用表、时域反射仪、高级电缆测试器、协议分析器。软件诊断工具有"ping"命令、"ipconfig"命令、"tracert"命令、网络听诊器和 IxChariot。

[复习题]

1. 常见的网络故障有哪些？
2. 如果网络的通信媒介出现故障，应从哪里着手？
3. 如何处理网卡引起的网络故障？
4. 如何处理协议失配引起的网络故障？

5. 从预防网络故障来看，可以采取哪些措施？

6. 为什么计算机机房的防火很重要？

7. 从预防网络故障来看，结构化布线有什么优点？在组建网络时应注意哪些问题？

8. 对网络进行有效的管理有几个层次？它们是什么？

9. 什么是网络的瓶颈？常用什么办法定位网络瓶颈？

10. 如何提高网络的速度？

11. 什么是故障分离法？包括哪些步骤？

12. 在出现网络故障时，怎样收集信息？

13. 在排除了网络故障后，为什么要故障分析？

14. 协议分析器的功能有哪些？

15. 综合题

背景知识：为一局域网更新网络操作系统和更换性能更高的网卡。

问题：

A. 在进行操作之前，应该做什么工作？

B. 在安装网卡过程中，突然发现网卡没有驱动程序，应该向哪里求助？

C. 在安装完毕后，发现在网上邻居中不能发现本机，也没有其他的计算机，但有整个网络，这可能是什么原因？（至少列出 3 条）

D. 使用什么工具来收集更新后的网络性能？

E. 写出文档。

参 考 文 献

[1] 越腾任，刘国斌，孙江宏．计算机网络工程典型案例分析[M]．北京：清华大学出版社，2004．
[2] 杨卫东．网络系统集成与工程设计[M]．北京：科学出版社，2002．
[3] 戴梧叶，郭景晶．网络的设计与组建[M]．北京：人民邮电出版社，2000．
[4] Terry W Ogletree．网络升级与维护大全[M]．李志，胡敏，丁权，译．北京：机械工业出版社，2002．
[5] 关桂霞，周淑秋，徐远超．网络系统集成[M]．北京：电子工业出版社，2004．
[6] 陈俊良，黎连业．计算机网络系统集成与方案实例[M]．北京：机械工业出版社，2005．
[7] 蔡立军，曾彰龙，汤腊梅，等．网络系统集成技术[M]．北京：清华大学出版社，2004．
[8] 曾慧玲，陈杰义．网络规划与设计[M]．北京：冶金工业出版社，2005．
[9] 刘晓辉．网络硬件安装与管理[M]．北京：电子工业出版社，2005．